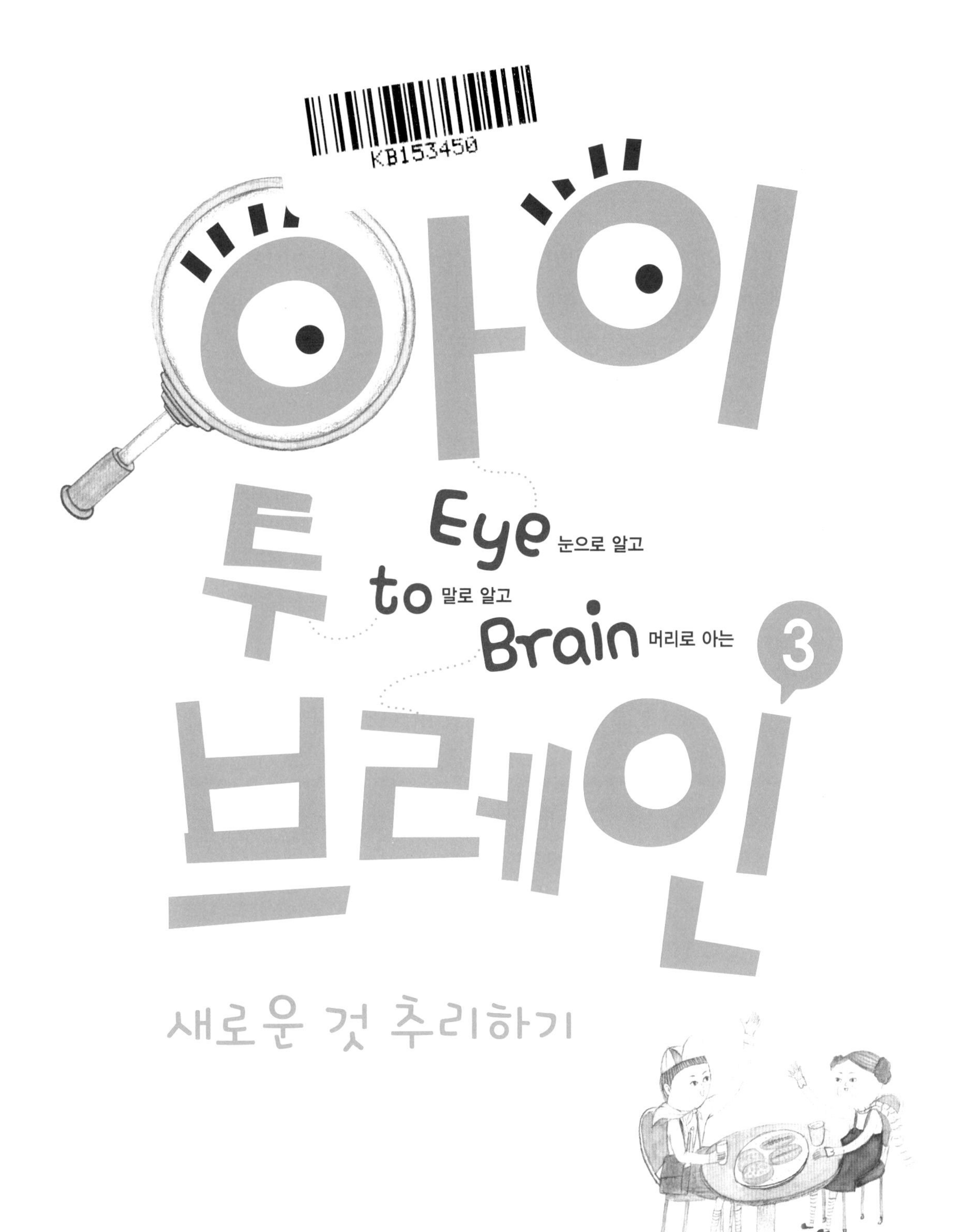

아이
투
브레인
Eye 눈으로 알고
to 말로 알고
Brain 머리로 아는
3
새로운 것 추리하기

현북스

이렇게 활용하세요

1 이야기를 읽어요

탐돌이와 똘망이가 탐정 예비학교에서 겪는 모험 이야기가 이 책의 줄거리입니다. 탐돌이와 똘망이 앞에 펼쳐지는 흥미진진한 사건들을 그림과 함께 읽어 보세요. 이야기에 몰입할수록 주어진 상황과 문제에 쉽게 접근할 수 있습니다.

2 문제를 어떻게 해결하는지 살펴보아요

탐돌이와 똘망이가 주어진 문제를 어떻게 풀어 나가는지 살펴보세요. 이때 탐돌이와 똘망이가 하는 말이 문제 해결의 실마리입니다.

3 스스로 탐정 과제를 풀어요

본보기로 주어진 문제 뒤에는 탐정 과제가 따라옵니다. 앞에서 탐돌이와 똘망이가 문제를 어떻게 풀었는지 떠올리고 이를 적용해 탐정 과제를 풀어 보세요.

4 step 1－2－3으로 문제 해결 과정을 살펴보아요

아이투브레인 미션의 문제를 보고, 답을 찾아내기까지 생각의 과정을 짚어 본 다음, 이 과정을 말로 표현해 보세요. 눈으로 보고, 말로 표현하고, 머리로 따져 보며 답을 찾아내는 유추 과정이 아이투브레인 사고력의 핵심입니다.

5 지식 노트로 엄마와 함께 똑똑해져요

엄마 선생님을 위한 지식 노트로 각 미션의 주제에 대한 더 자세한 정보를 얻을 수 있습니다. 해당 미션의 주제가 왜 중요한지, 아이가 어떤 방법으로 이 주제를 익히거나 적용할 수 있는지 등을 알려 주는 페이지입니다.

차례

탐돌이와 똘망이는 탐정 예비학교에 다녀요.
지금까지 탐돌이와 똘망이는 도형의 섬과 하늘에서
여러 가지 일들을 겪으며 관찰하기와 관련짓기를
연습했어요.

탐돌이

털털하고 덜렁거리지만
호기심 많고 용기 있는
탐정 예비학교 학생

똘망이

꼼꼼하고 차분하며
책 읽기와 일기 쓰기를 좋아하는
탐정 예비학교 학생

하지만 아직은 명탐정이 되었다고 할 수 없어요.
주어진 것을 통해 새로운 것을 추리할 줄 알아야
진짜 명탐정이 될 수 있답니다.
자, 그럼 탐정 수업 세 번째 코스, 시작해 볼까요?

붕붕이
탐돌이와 똘망이를 어디든지
데려다 주는 자동차

머리빛나 선생님
탐돌이와 똘망이에게
이따금 과제를 주는
탐정 예비학교 선생님

말소리의 특징을 찾아라!

"다-따-당!"

갑자기 땅이 흔들렸어요.

그 바람에 탐정 예비학교에 가던

탐돌이와 똘망이는 땅굴로 떨어지고 말았어요.

"어, 이건 뭐지?"

탐돌이가 떨어져 있는 악기를 주워 들었어요.

트럼펫처럼 생긴 악기는 아무리 불어도 소리가 나지 않았어요.

"휴~."

탐돌이가 숨을 내쉬며 말하자 놀랍게도 악기에서 '흉' 하는 소리가 났어요.

"흉이라고? 하하!"

"어? 이번에는 '항' 소리가 났어.

'ㅇ' 받침이 붙나 봐!"

똘망이가 신기해하며 말했어요.

"여기 악기가 또 있어!"

탐돌이가 '소' 하고 소리를 내자 악기에서는 '손' 하는 소리가 났어요.

"생긴 건 똑같은데 소리는 다르게 나네."

이 악기가 소리를 내는 규칙을 말해 보고, 규칙에 맞게 빈칸을 채우세요.

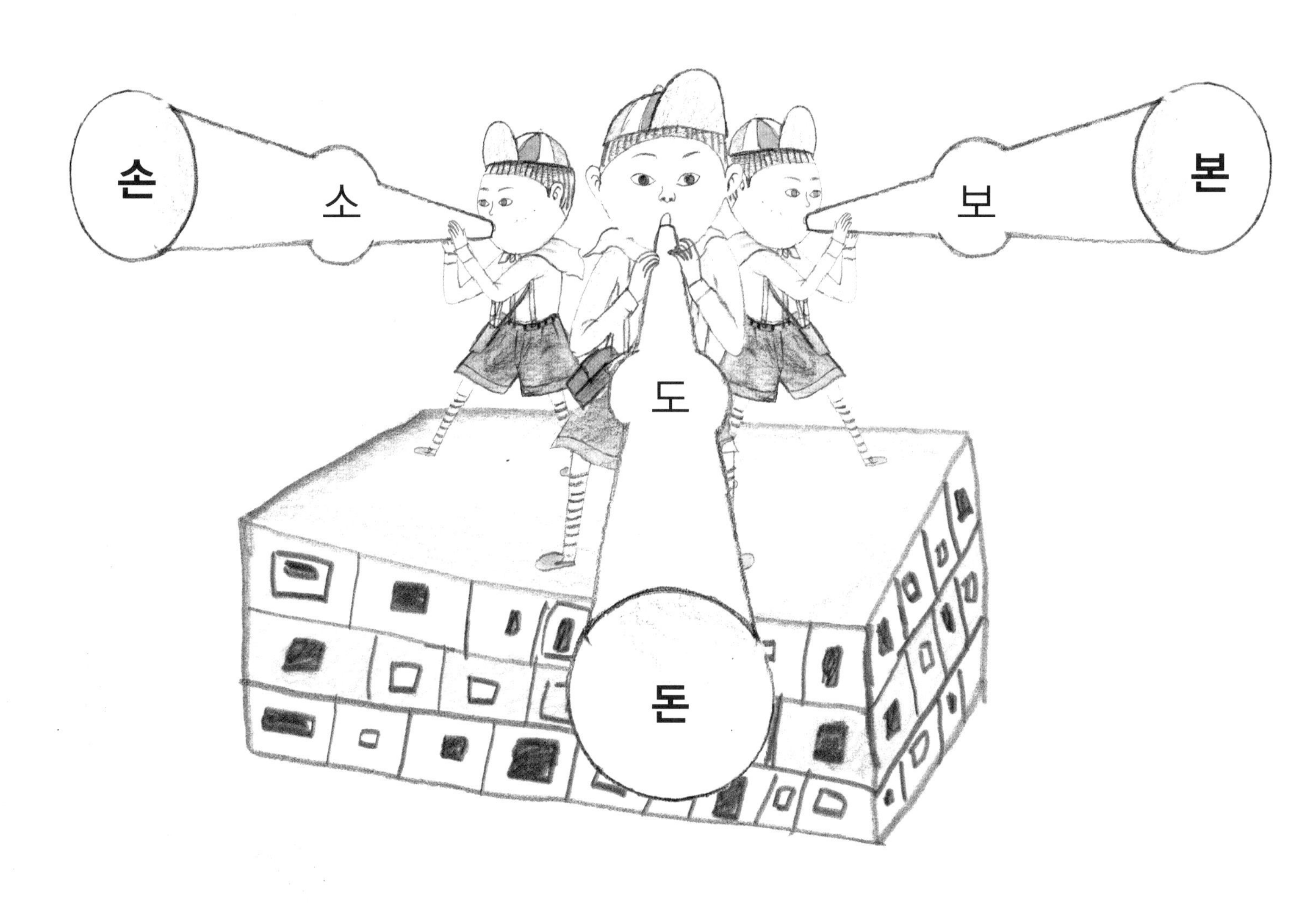

소	도	보	노	초
손	**돈**	**본**		

똘망이도 악기를 하나 발견했어요.

똘망이가 '구' 하고 소리를 내자 악기에서는 '굴' 하는 소리가 났지요.

이 악기가 소리를 내는 규칙을 말해 보고, 규칙에 맞게 빈칸을 채우세요.

구	두	무	수	우
굴	**둘**	**물**		

탐돌이와 똘망이 눈에

조금 다르게 생긴 악기가 보였어요.

탐돌이가 악기를 집어 들고 '가' 소리를 내자

악기에서는 '겅' 하는 소리가 났지요.

"어? 이번에는 받침만 붙은 게 아니네?"

"나도 해 볼래!"

똘망이가 악기를 가져가 '나' 소리를 내자

악기에서는 '넝' 하는 소리가 났어요.

"알았다! '나'가 '너'로 바뀌고 받침도 붙었어."

이 악기가 소리를 내는 규칙을 말해 보고, 규칙에 맞게 빈칸을 채우세요.

가	나	다	라	마
거	너			
겅	**넝**			

탐정 예비학교 팻말을 따라가자
우렁찬 말소리가 들렸어요.
"이 길을 지나려면 '벌'과 '눈'을 주제로 동시를 써야 한다."
탐돌이는 머리를 긁적이며 '벌'을 주제로 동시를 썼어요.
'벌'이라는 낱말 아래에 과 중에서 어울리는 붙임 딱지를 붙이세요.

벌이 교실에 날아들어 와

벌을 서고 있는 탐돌이 옆으로 윙윙

"또 장난쳤니? 또 장난쳤니?"

얄미운 벌, 쫓고 싶어도

벌 서느라 꼼짝 못하고

탐돌이가 씩씩

똘망이는 '눈'을 가지고 동시를 썼어요.

'눈'이라는 낱말 아래에 ❄ 과 👁 중에서 어울리는 붙임 딱지를 붙이세요.

겨울에는 눈이 펑펑

눈이 내리면 눈이 말똥말똥

해님이 뜨면 사르르 녹는 눈

바닥에도 눈 녹은 물이 줄줄

내 눈에도 눈물이 뚝뚝

"이번에는 내가 불러 주는 낱말로 일기를 써야 한다.
'김'과 '다리'를 가지고 일기를 써 봐!"

탐돌이의 일기에 나오는 '김'이라는 낱말 아래에
과 중에서 어울리는 붙임 딱지를 붙이세요.

엄마가 오늘 김밥을 쌌다.

김 위에 노랑 단무지, 분홍 햄, 초록 오이를 얹고

돌돌 말자 까만 김밖에 안 보였다.

아빠는 출근 전에 꼭 차를 마신다.

아빠가 마시는 차에서는 김이 모락모락 났다.

안경에 김이 서려서 아빠는 밥을 먹다 떨어뜨렸다.

조금 웃겼다.

똘망이의 일기에 나오는 '다리'라는 낱말 아래에

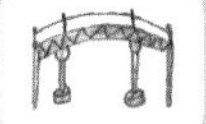 와 중에서 어울리는 붙임 딱지를 붙이세요.

오늘은 소풍날이다.

나는 신 나는 마음으로 유치원 버스에 올랐다.

버스는 다리를 건너 달리고 달리다 놀이공원에서 멈추었다.

놀이공원에는 커다란 다리가 있었는데 아이들이 어찌나 쿵쿵대던

지 나는 다리가 무너지는 줄 알았다.

탐돌이와 여기저기 뛰어다녔더니 다리가 조금 아팠다.

집에 와서 엄마가 다리를 주물러 주자 금세 나았다.

아이투브레인 Mission 1

step 1 〈보기〉를 잘 보고, 답을 찾아보세요.

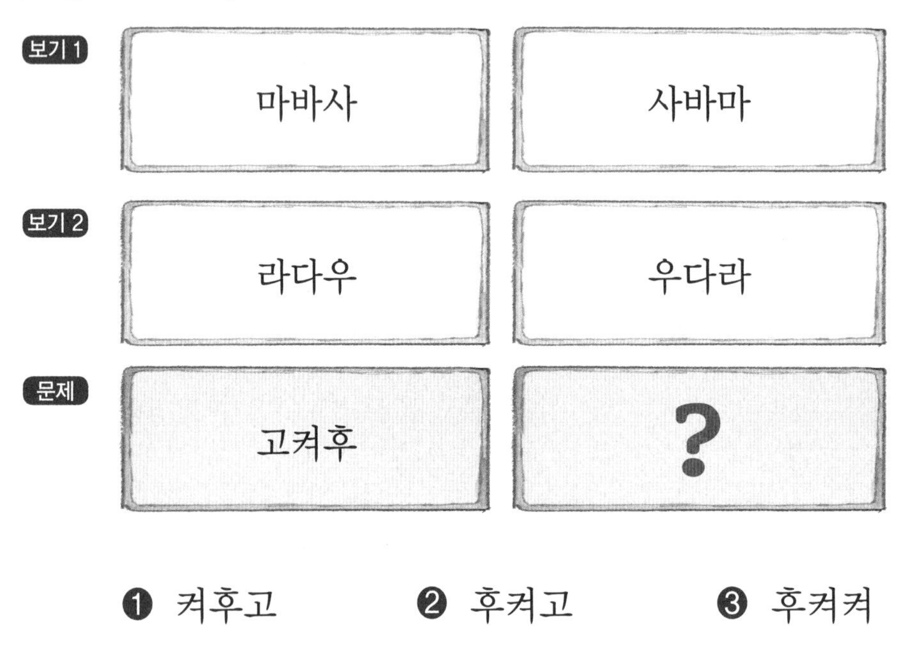

❶ 켜후고　　❷ 후켜고　　❸ 후켜켜

step 2 답을 찾아내기까지 생각의 과정을 꼼꼼하게 짚어 보아요.

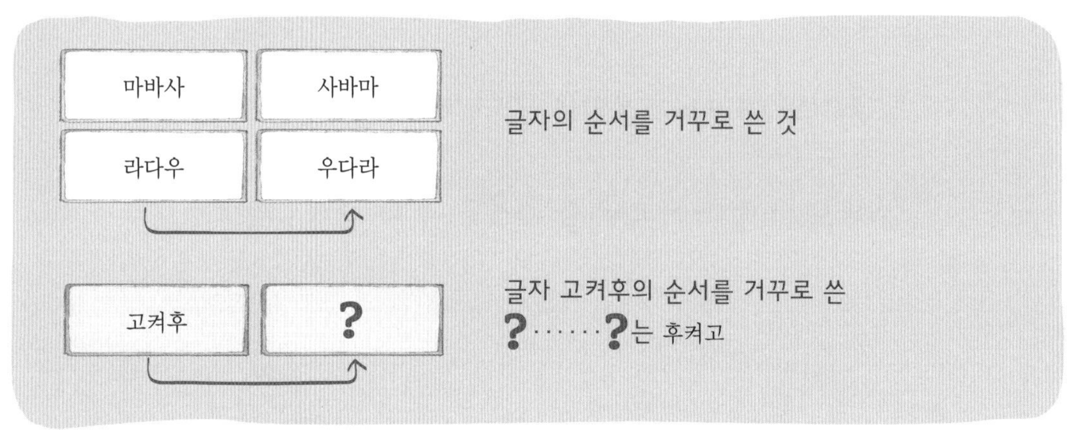

위에서 정리한 내용을 말로 표현해 보세요.

〈보기 1〉과 〈보기 2〉 왼쪽에 있는 글자의 순서를 거꾸로 쓴 것이 오른쪽이에요.
〈문제〉의 빈칸에는 왼쪽 글자 고켜후의 순서를 거꾸로 쓴 글자가 와야 해요.
따라서 답은 (　　　　　)번이에요.

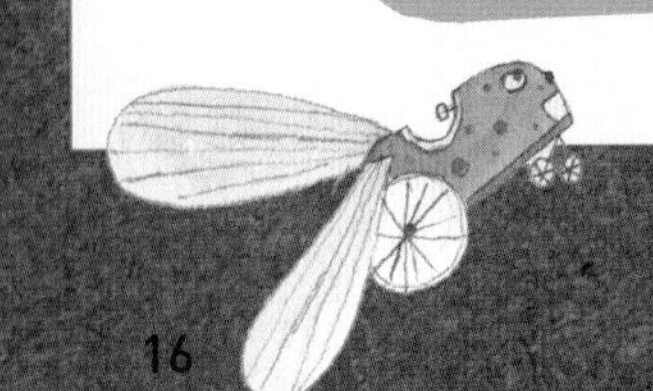

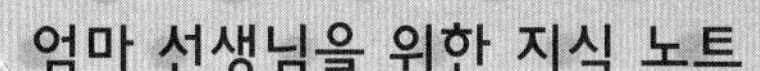

말소리의 규칙 찾기

말소리의 가장 작은 단위를 음소라고 합니다. '나팔'이라는 낱말은 '나'와 '팔'이라는 음절로 이루어져 있고, '나'라는 음절은 'ㄴ'과 'ㅏ'라는 음소로 이루어져 있습니다. 'ㄴ'과 'ㅏ'는 더 이상 쪼갤 수 없는 말소리의 최소 단위입니다. 하지만 음소 하나만 바뀌어도 전혀 다른 소리와 의미가 생기지요. 예를 들어 '도'라는 말에 'ㄴ' 받침이 들어가면 '돈'이라는 소리와 의미가 생겨납니다. 마찬가지로 '돈'의 받침을 'ㄹ'로 바꾸면 '돌'이라는 또 다른 소리와 의미가 생기지요.

말소리가 어떻게 변하는지 규칙을 알아내려면, 음소 단위까지 집중해서 차이점을 찾아내야 합니다. 물론 유아가 처음부터 음소 단위의 차이를 찾아내기는 어렵습니다. 차근차근 말소리의 특징을 파악하게 되면 비슷비슷한 낱말들을 구별할 수 있고, 새로운 낱말을 더 쉽게 익힐 수 있습니다. 나아가 읽기 능력 발달에도 도움이 되지요.

머리빛나 선생님의 핵심 한 줄

말소리의 변화를 찾기 위해서는 음소 하나하나까지 집중할 것

의미를 생각하라!

팻말을 따라가자 커다란 도서관이 나왔어요.

도서관에는 그림책이 아주 많았어요.

탐돌이는 〈청소는 즐거워〉라는 그림책을 꺼내 들었어요.

그런데 책이 조금 찢어져 있었어요!

남은 부분에 '청소를 끝내자 방이 깨끗해졌어.'라고 쓰여 있네요.

찢겨져 나간 그림을 찾아 ◯ 하세요.

"어? 여기도 그림이 찢어져 있어!"

남은 부분에는 '친구와 함께 청소를 했어.'라고 쓰여 있어요.

찢겨져 나간 그림을 찾아 ◯ 하세요.

"그 옆에는 '쓰레기통 주변까지 깨끗해졌어.'라고 쓰여 있어."

찢겨져 나간 그림을 찾아 ◯ 하세요.

똘망이가 다른 책을 펼치자 이번에도 곳곳이 찢어져 있었어요.

첫 장에는 '여름에는 바닷가에서 놀기 좋아.'라고 쓰여 있네요.

찢겨져 나간 그림을 찾아 ◯ 하세요.

바로 옆에는 '여름에는 시원한 음식이 좋아.'라고 쓰여 있어요.

찢겨져 나간 그림을 찾아 ◯ 하세요.

책의 중간쯤에도 그림이 찢어져 있고 '얼음을 넣으니 물이 넘쳐.'라고 쓰여 있어요.
찢겨져 나간 그림을 찾아 ◯ 하세요.

그 옆에는 '흘러넘친 물을 닦아.'라고 쓰여 있어요.

찢겨져 나간 그림을 찾아 ◯ 하세요.

'오이 마사지를 했어.'라는 내용에
알맞은 그림을 찾아 ○ 하세요.

'아빠가 수영하는 아이의 사진을 찍고 있어.'라는 내용에

알맞은 그림을 찾아 ◯ 하세요.

아이투브레인 Mission 2

〈보기〉를 잘 보고, 답을 찾아보세요.

답을 찾아내기까지 생각의 과정을 꼼꼼하게 짚어 보아요.

위에서 정리한 내용을 말로 표현해 보세요.

〈보기〉 왼쪽에 있는 웃는 얼굴의 반대되는 것이 오른쪽의 우는 얼굴이에요.

〈문제〉의 빈칸에는 왼쪽에 있는 자고 있는 모습과 반대되는 것이 와야 해요.

따라서 답은 (   )번이에요.

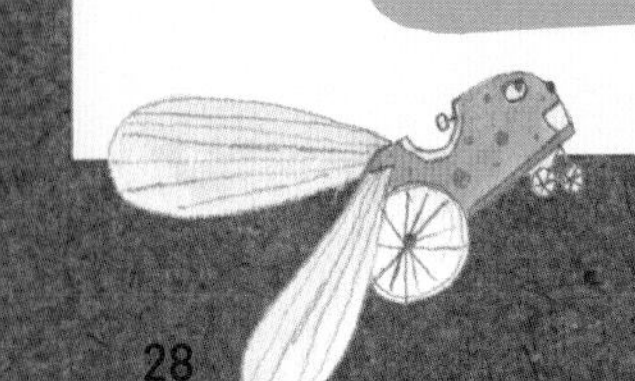

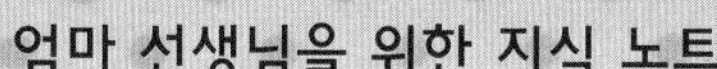

의미 파악하기

집을 지을 때 나무, 벽돌, 콘크리트 같은 재료가 필요하듯, 생각을 할 때도 언어라는 재료가 필요합니다. 생각의 기초인 언어는 낱말이라는 의미 단위로 이루어집니다. 말이나 글이 무엇을 전달하는지 제대로 파악하려면 무엇보다 낱말의 의미를 정확히 알아야 하지요.

그러나 복잡한 문장이나 긴 글을 이해하려면 낱말의 개별적인 의미를 아는 것만으로는 부족합니다. 낱말에 어떤 조사가 붙는지, 주체나 대상이 누구인지, 앞뒤의 상황이 어떠한지 등 고려해야 할 것이 많아지기 때문입니다. 낱말을 많이 아는 것도 좋지만 평소에 다양한 책을 읽고, 생활 속에서 경험한 것을 말이나 글로 표현하는 것이 중요하지요.

머리빛나 선생님의 핵심 한 줄

말이나 글을 정확히 이해하려면 낱말의 의미부터 생각할 것

그림을 보고 이야기를 생각하라!

"안녕? 나는 땅굴을 지키는 두더지야!"
어디에선가 말풍선을 든 두더지가 나타나
탐돌이와 똘망이를 안내했어요.
"어서 날 따라와.
구경할 게 얼마나 많다고!"
두더지는 길을 가는 내내 재잘재잘 떠들었어요.

두더지가 처음 데려간 곳은 땅굴 공원이었어요.
그곳에는 두더지의 친구들이 기다리고 있었지요.
두더지들은 보이는 것마다 이러쿵저러쿵 수다를 떨었어요.
두더지들이 한 말들을 합치면 한 문장으로 만들 수 있어요.

남자아이가 공을 가지고 벤치에 앉아 있어.

땅굴 공원을 지나자 과수원이 나왔어요.

이번에도 두더지들은 돌아가면서 한마디씩 거들었어요.

두더지들이 한 말들을 합쳐 한 문장으로 만들어 보세요.

"거기 안 서?"

수다쟁이 두더지들과 과수원을 구경하고 있는데

뒤에서 큰 소리가 들렸어요.

두더지들이 한 말들을 합쳐 한 문장으로 만들어 보세요.

두더지들은 탐돌이와 똘망이를

땅굴 숲으로 안내했어요.

숲 속에서는 원숭이, 토끼, 너구리가 놀고 있었지요.

두더지들은 동물들을 보면서도 한마디씩 했어요.

알맞은 말을 골라 ◯ 하세요.

빵빵!

땅굴 기차가 숲 속 역에 도착했어요.

탐돌이와 똘망이는 땅굴 기차에 올랐어요.

칙칙폭폭!

"이야기를 보여 주는 땅굴 기차에 오신 걸 환영합니다."

기차가 달리기 시작하자 창문 위로 그림이 펼쳐졌어요.

그림에 대한 설명으로 알맞은 번호를 골라 빈칸에 써 보세요.

① 너구리는 굵은 나뭇가지 위에 새집을 올려 두었어요.
② 너구리가 새집을 만들었어요.
③ 너구리가 새집을 들고 사다리를 가지러 갔어요.
④ 너구리가 올려놓은 새집에 새 두 마리가 찾아왔어요.

땅굴 기차에서 내린 탐돌이와 똘망이는

땅굴 2층 버스로 갈아탔어요.

땅굴 2층 버스 창문 위에서도 그림이 펼쳐졌어요.

그림에 대한 설명으로 알맞은 번호를 골라 빈칸에 써 보세요.

① 똘망이는 잠들기 전에 아빠와 그림책을 보아요.

② 학교가 끝나면 똘망이는 집으로 돌아와요.

③ 똘망이는 아침에 학교에 가요.

④ 아빠가 퇴근하고 돌아오면 똘망이 가족은 다 함께 저녁을 먹어요.

⑤ 똘망이는 엄마와 간식을 먹어요.

아이투브레인 Mission 3

step 1 〈보기〉를 잘 보고, 답을 찾아보세요.

❶ 1-2-3 ❷ 2-3-1 ❸ 3-2-1

step 2 답을 찾아내기까지 생각의 과정을 꼼꼼하게 짚어 보아요.

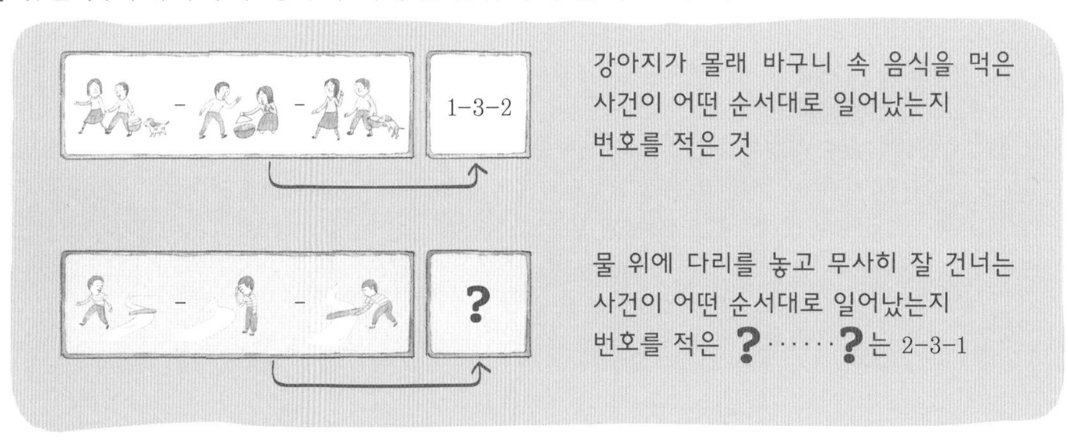

step 3 위에서 정리한 내용을 말로 표현해 보세요.

〈보기〉 왼쪽의 그림을 보고 사건이 일어난 순서대로 번호를 적은 것이 오른쪽이에요.
〈문제〉의 빈칸에는 왼쪽 그림을 보고 사건의 순서대로 번호를 적은 것이 와야 해요.
따라서 답은 (   )번이에요.

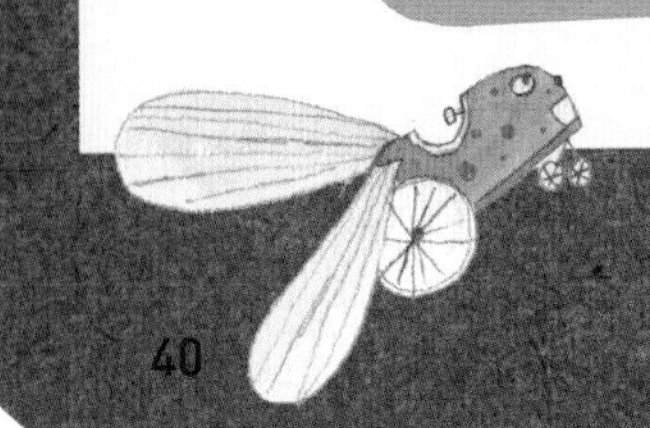

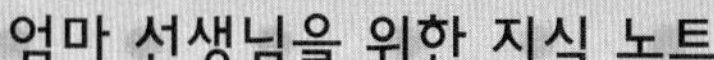

그림으로 이야기 만들기

그림을 가지고 이야기를 만들려면 어떻게 해야 할까요? 먼저 그림 속 상황을 말로 설명해 보세요. '누가, 언제, 어디서, 무엇을, 어떻게, 왜'를 살펴보는 거지요. 그리고 그 내용을 하나의 문장으로 만들어 보세요.

처음에는 한 문장으로 표현하기가 어려울 수 있습니다. 하나의 문장에 내용이 너무 많으면 두 문장으로 나누어 표현하세요. 중요한 것은 그림 속 상황에서 가장 두드러진 내용을 표현하는 것입니다. 이 과정을 연속된 그림들에 하나씩 적용해 보세요. 이렇게 해서 나온 문장을 쭉 연결하면, 하나의 이야기가 완성되는 것입니다.

머리빛나 선생님의 핵심 한 줄

그림을 보고 이야기로 만들려면 '누가, 언제, 어디서, 무엇을, 어떻게, 왜'를 따져 볼 것

다양한 표현 방법을 익혀라!

땅굴 2층 버스가 멈춘 곳은 땅굴 광장이었어요.
버스 운전사는 탐돌이에게
땅굴 지도 한 장을 선물했어요.
탐돌이는 땅굴 지도를 펼쳐 보았어요.
마침 길을 가던 개미가 탐돌이에게 물었어요.

"출발 지점에서부터 앞으로 쭉 가세요.
과수원을 지나 갈림길이 나오면 오른쪽으로 가야 해요.
모래 대왕의 성을 지나서 다시 갈림길이 나오면 왼쪽으로 가세요.
거기서 조금만 더 가면 놀이터예요."

땅굴 놀이터

탐돌이와 똘망이가 땅굴 놀이터에 도착했을 때

놀이터에서는 동물 친구들이 신 나게 놀고 있었어요.

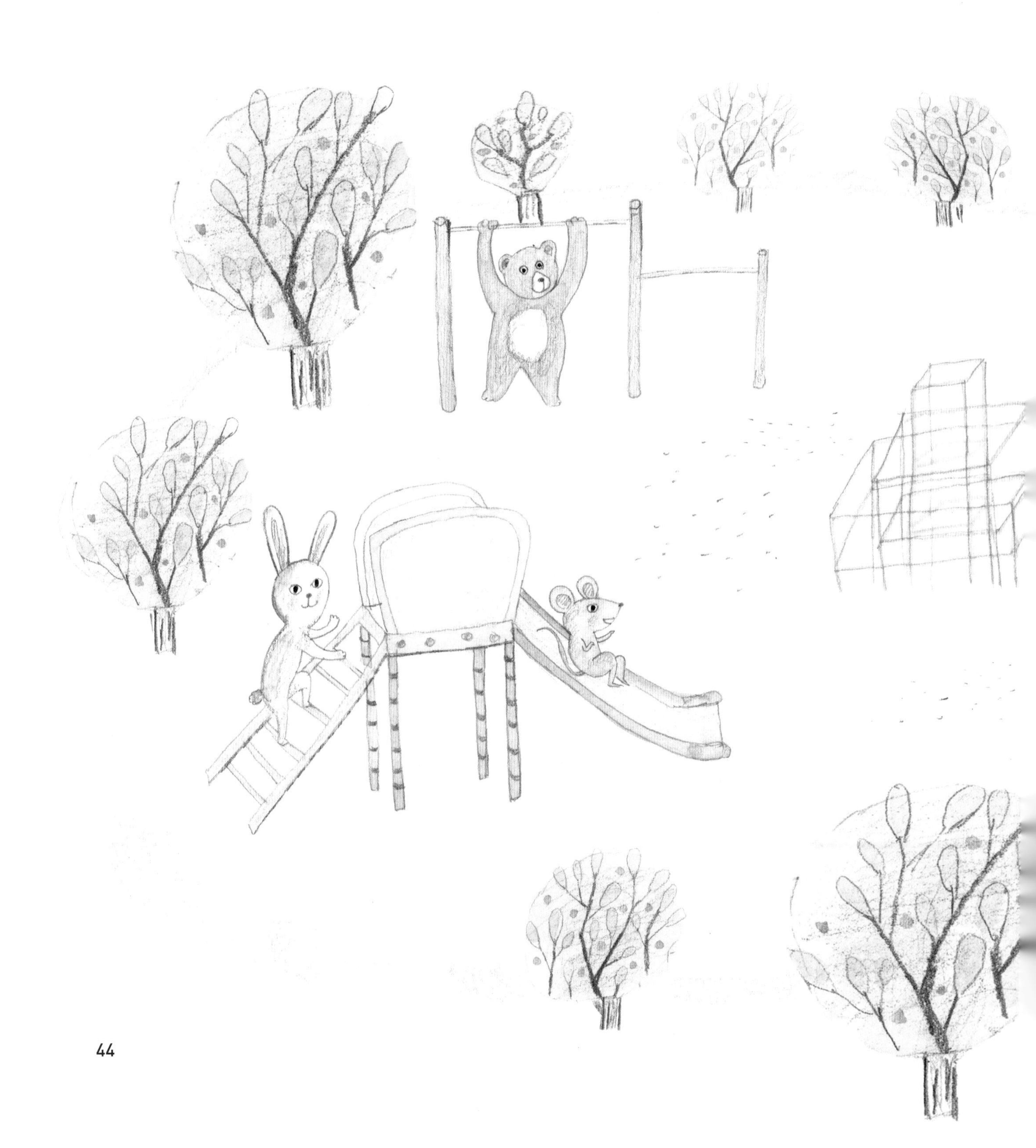

그림을 잘 보고 빈칸에 알맞은 동물의 이름을 써 보세요.

① 곰이 나무 옆에 있는 철봉에 매달려 있어.

② 토끼는 미끄럼틀을 올라가고, ________는 미끄럼틀을 내려가고 있어.

③ ________는 빨간 그네를 타고, 호랑이는 노란 그네를 타고 있어.

④ ________은 모래 놀이터 안에 있고, ________은 혼자 놀이터 밖에 서 있어.

영차 영차!

개미들이 무엇인가를 옮기고 있어요.

“그게 뭐야?”

탐돌이가 묻자 개미들이 대답했어요.

“이건 신기한 낱말통이에요.

작은 구멍으로는 작은 느낌이 나는 낱말이 나오고,

큰 구멍으로는 큰 느낌이 나는 낱말이 나와요.”

개미들이 땅굴 광장 가운데 낱말통을 내려놓자

구멍으로 낱말들이 후드득 튀어나왔어요.

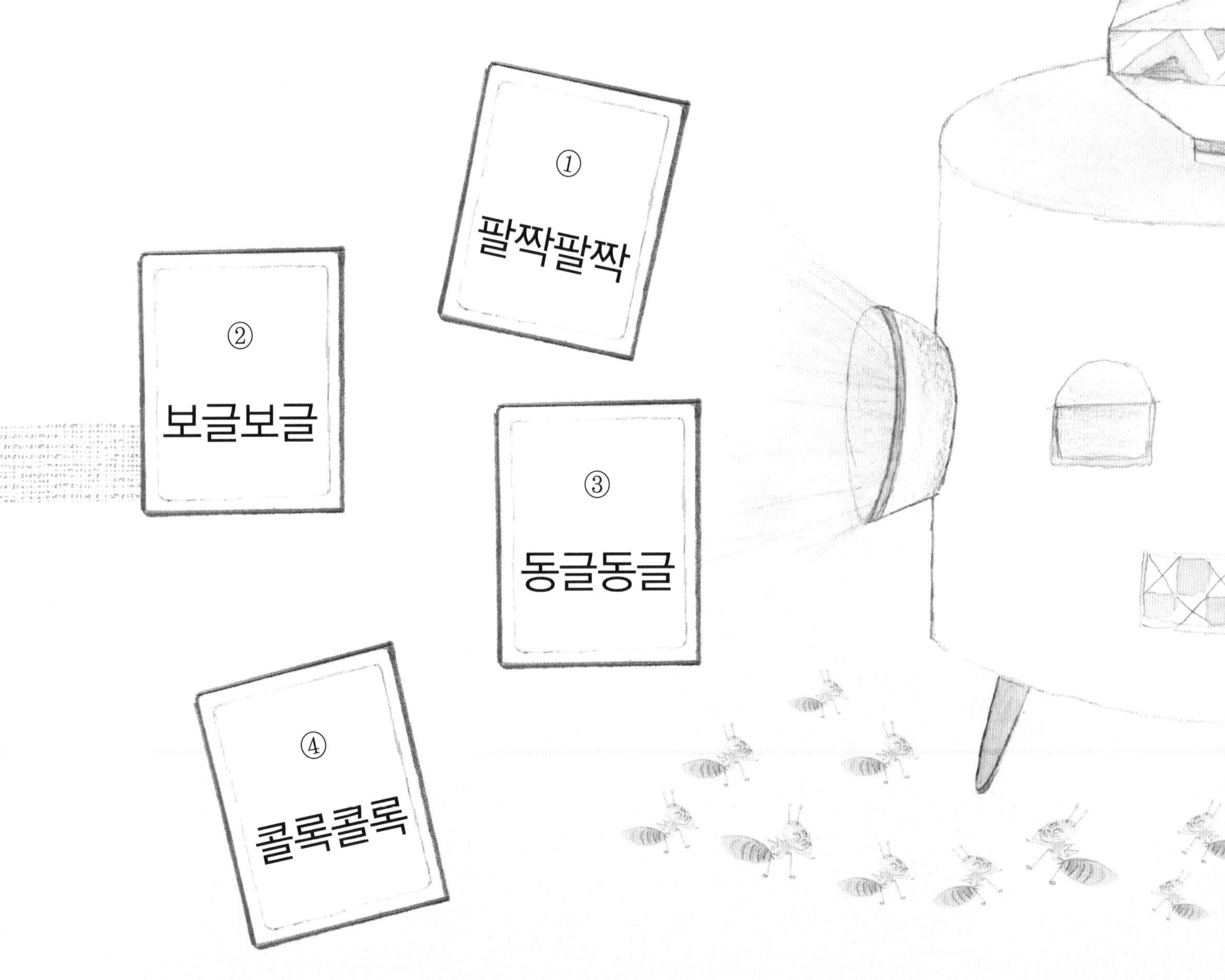

“팔짝팔짝, 펄쩍펄쩍. 뭐가 다르다는 거지?”

탐돌이가 머리를 긁적이자 똘망이가 말했어요.

“아까 개미가 말한 것처럼 느낌이 다르지.

‘팔짝팔짝’은 귀여운 꼬마가 뛸 때 어울리는 낱말이잖아.

‘펄쩍펄쩍’은 덩치 큰 어른이 뛸 때 어울리고.”

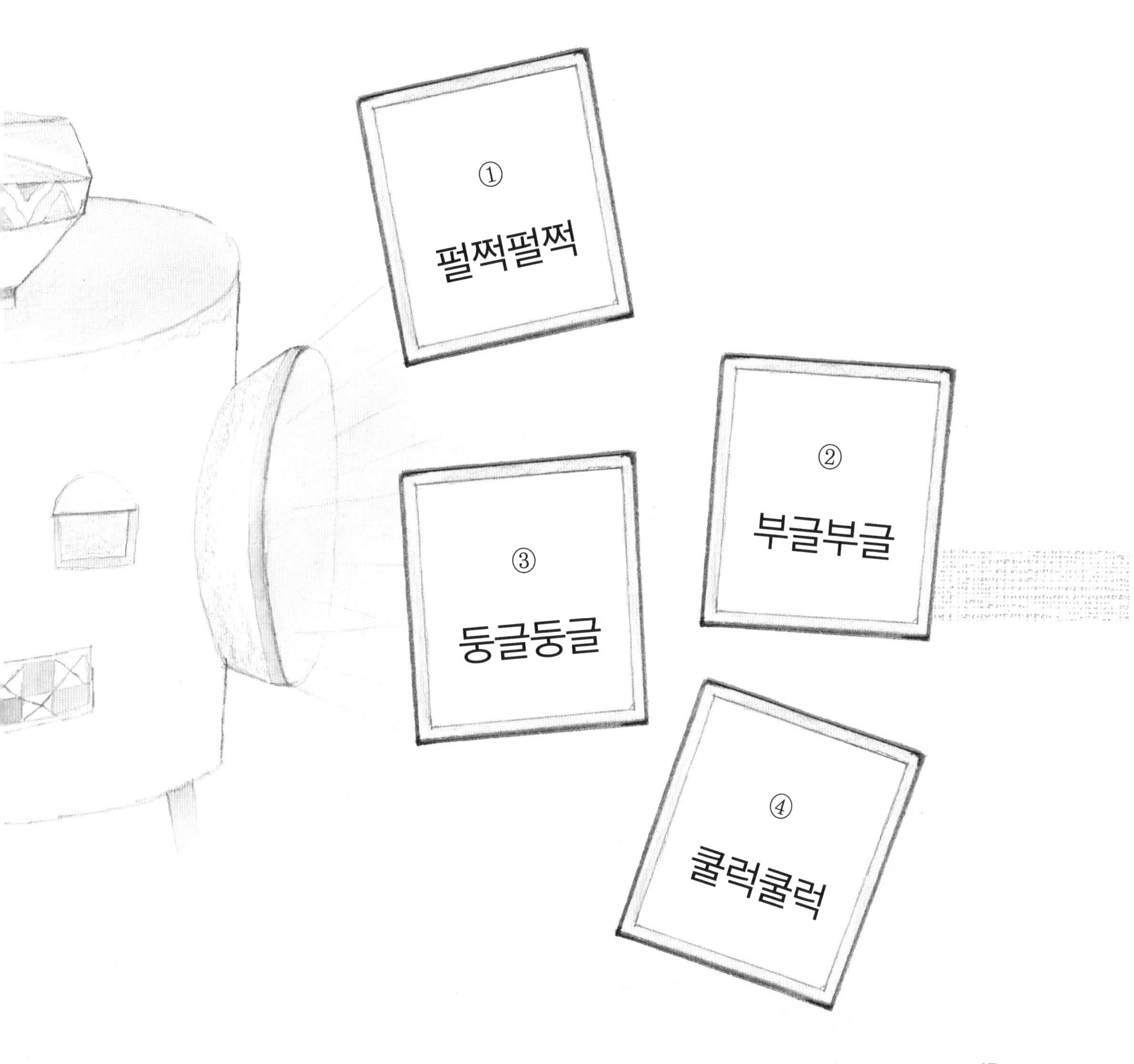

신기한 낱말통은 혼자서 데굴데굴 굴러갔어요.

탐돌이와 똘망이는 그 뒤를 쫓아갔어요.

신기한 낱말통이 멈춘 곳은 땅굴 교실이었어요.

두 낱말 중 느낌이 큰 낱말에 ◯ 하세요.

깜박깜박	껌벅껌벅

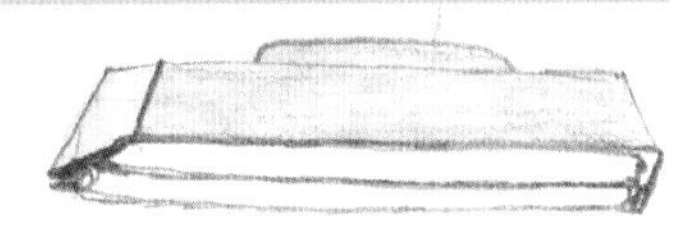

짭짭	쩝쩝

까닥까닥	끄덕끄덕

소곤소곤	수군수군

이번에는 신기한 낱말통이 언덕을 올라갔어요.
탐돌이와 똘망이가 헉헉대며 따라가 보니
토끼와 거북이가 경주를 하고 있었어요.
두 낱말 중 느낌이 작은 낱말에 ◯ 하세요.

탐돌이와 똘망이 눈앞에 빵집이 보였어요.

“간판이 둥글넓적하고 반질반질한 것이 마치 쟁반 같아.”

“진짜 그러네!”

탐돌이와 똘망이의 목소리를 듣고서

빵집 주인 아저씨가 문을 열고 나왔어요.

“하하! 땅굴 빵집에 온 것을 환영한다!

귀한 손님이 왔으니 빵을 대접해야지.”

빵집 아저씨와 아주머니가 나누는 이야기를 읽고

빈칸에 알맞은 말을 써 보세요.

"둘 다 빵을 참 맛있게 먹네요."

"노란 새도 먹고 싶은지 옆에서 쳐다보고 있어요."

"사람이 먹는 빵은 사실 새한테 '그림의 ____'이지요.

사람이 줘야 먹을 수 있으니."

"탐돌이가 빵을 뜯어서 새에게 던져 주는데요?"

"저런 거 받아 먹는 거야 새한테 '식은 ____ 먹기'지요."

아이투브레인 Mission 4

step 1 〈보기〉를 잘 보고, 답을 찾아보세요.

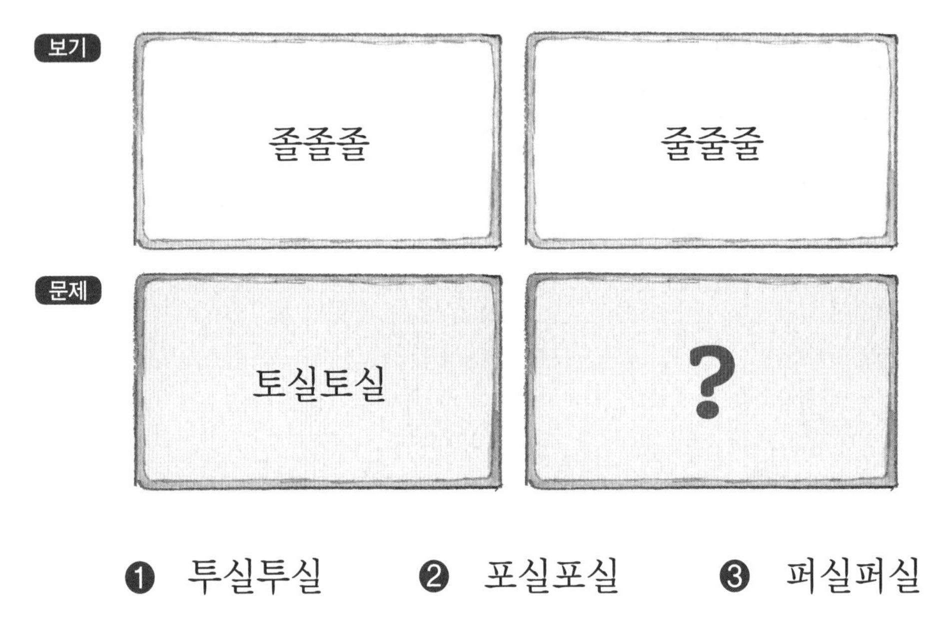

❶ 투실투실 ❷ 포실포실 ❸ 퍼실퍼실

step 2 답을 찾아내기까지 생각의 과정을 꼼꼼하게 짚어 보아요.

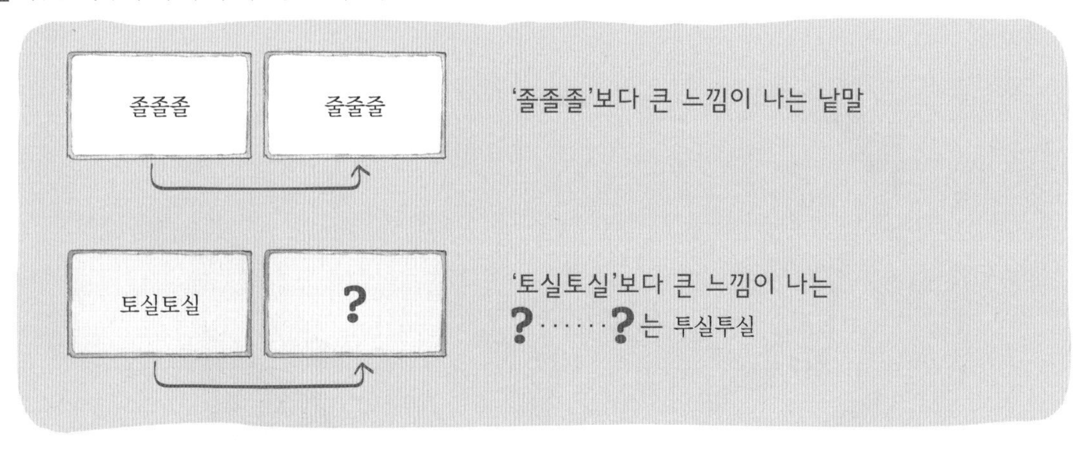

step 3 위에서 정리한 내용을 말로 표현해 보세요.

〈보기〉 왼쪽에 있는 낱말 '졸졸졸'보다 큰 느낌이 나는 '줄줄줄'이 오른쪽에 있어요.
〈문제〉의 빈칸에는 왼쪽에 있는 '토실토실'보다 큰 느낌이 나는 낱말이 와야 해요.
따라서 답은 ( )번이에요.

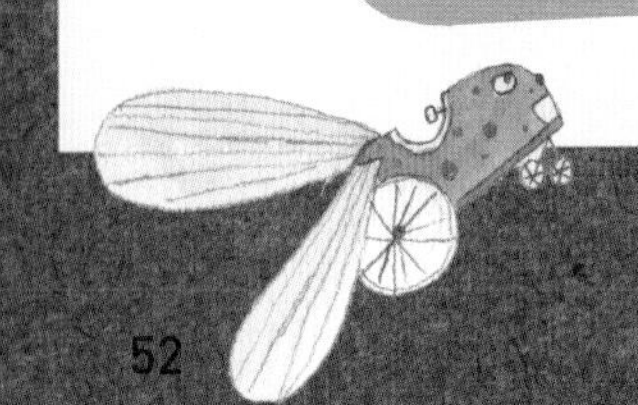

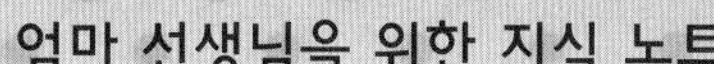

설명하기와 묘사하기

상대방에게 어떤 대상이나 상황에 대해 전달할 때, 보통 '설명'과 '묘사'라는 서술 방법을 씁니다. 설명은 개념, 구조, 위치 등을 알려 줄 때 주로 사용합니다. 탐돌이가 지도를 보고 땅굴 놀이터 가는 길을 알려 준 것처럼요. 이럴 때는 '왼쪽', '오른쪽', '앞'처럼 객관적인 정보를 담은 낱말을 사용하지요.

묘사는 대상이나 상황을 말이나 글로 그림을 그리듯 표현하는 방법입니다. 묘사를 할 때는 다양한 의성어, 의태어 그리고 비유를 적절히 사용하면 좋습니다. 예를 들어 '물줄기가 흐른다.'라는 상황에 '졸졸졸' 같은 의성어, 의태어를 쓰면 더 쉽게 느낌이 전달되지요. 유아는 특히 의성어, 의태어가 들어간 글에 친숙함을 느낀답니다. 아이들이 '호랑이처럼 무서워.' 혹은 '천사처럼 착해.' 하는 식으로 비유를 사용하는 것도 일종의 묘사입니다.

머리빛나 선생님의 핵심 한 줄

표현을 잘하려면 사물이나 상황을 살펴보고 나타내고자 하는 의미와 느낌을 생각할 것

무엇과 관련 있는지 찾아라!

탐돌이와 똘망이는 탐정 예비학교로 가는 길에
이상한 마을을 발견했어요.
가게에 달린 간판 글자들이 모두 군데군데 빠져 있었어요.
"정말 희한하네."
탐돌이가 중얼거렸어요.

"음, 내가 좋아하는 사과 냄새가 나!"

똘망이가 말했어요.

"어느 날 간판에서 글자가 사라졌어요.

글자를 달아 주면 사과를 그냥 줄게요."

주인 아저씨가 가게 밖으로 나와 말했어요.

그림을 잘 보고 각 가게에 어울리는 이름을 붙임 딱지로 붙이세요.

"우와! 여기에는 사람들이 많네!"

탐돌이와 똘망이는 가게 안으로 들어가 보았어요.

"음, 뭘 먹는 사람도 있고, 돈을 내는 사람도 있어."

그림을 잘 보고 가게에 어울리는 이름을 붙임 딱지로 붙이세요.

탐돌이는 또 다른 가게 앞에 멈춰 섰어요.

"똘망아! 여기 좀 봐.

휴지, 과자, 아이스크림…… 무슨 가게일까?"

그림을 잘 보고 가게에 어울리는 이름을 붙임 딱지로 붙이세요.

탐돌이와 똘망이가 어느 집 앞을 지나가는데
웬 아주머니가 달려 나왔어요.
"우리 집에도 사라진 글자들이 있어. 좀 도와줘!"

그림을 잘 보고 장소에 어울리는 이름을 붙임 딱지로 붙이세요.

그림을 잘 보고 장소에 어울리는 이름을 붙임 딱지로 붙이세요.

세제 넣기

빨래하기

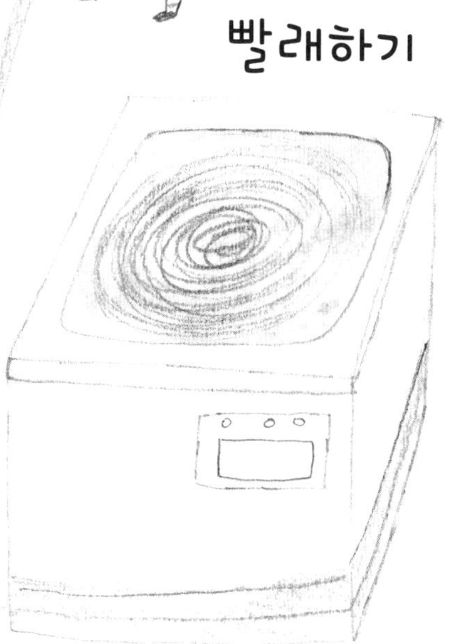

말리기

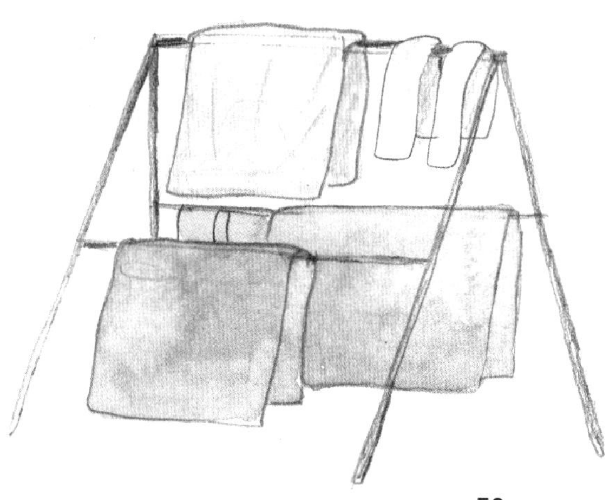

아주머니는 마을 아이들이 가장 좋아한다는 곳에

탐돌이와 똘망이를 데려다 주었어요.

“으! 여기도 글자가 사라졌나 봐.”

그림을 잘 보고 장소에 어울리는 이름을 붙임 딱지로 붙이세요.

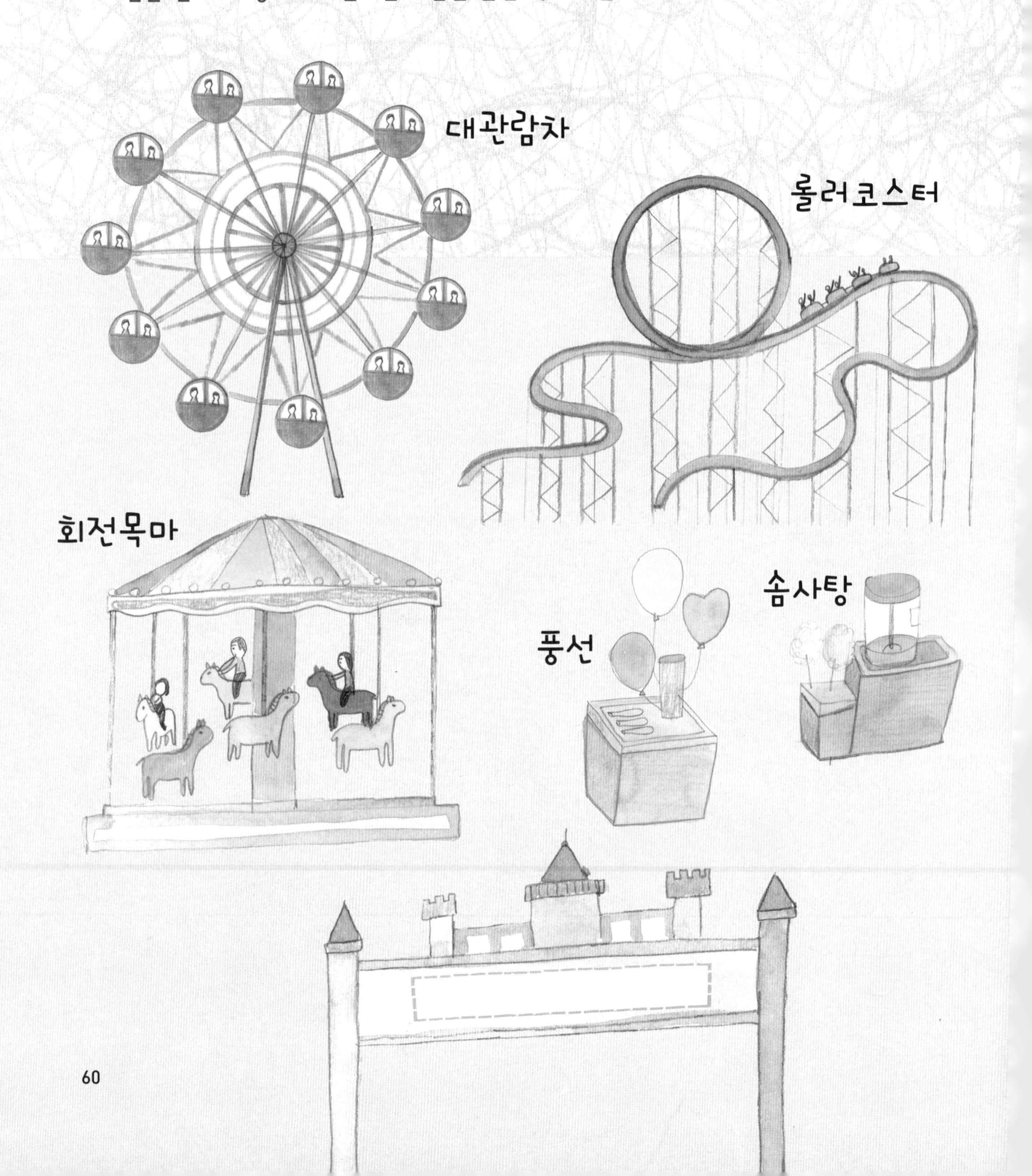

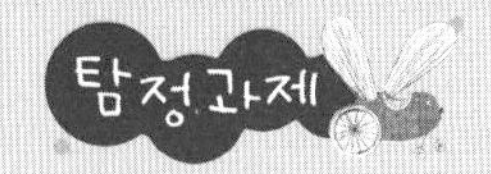

탐돌이와 똘망이는 근처에 있는 건물로 들어가 보았어요.

"야호! 내가 가장 좋아하는 데야!"

똘망이는 콩콩 뛰며 기뻐했어요.

이곳은 어디일까요?

그림을 잘 보고 장소에 어울리는 이름을 붙임 딱지로 붙이세요.

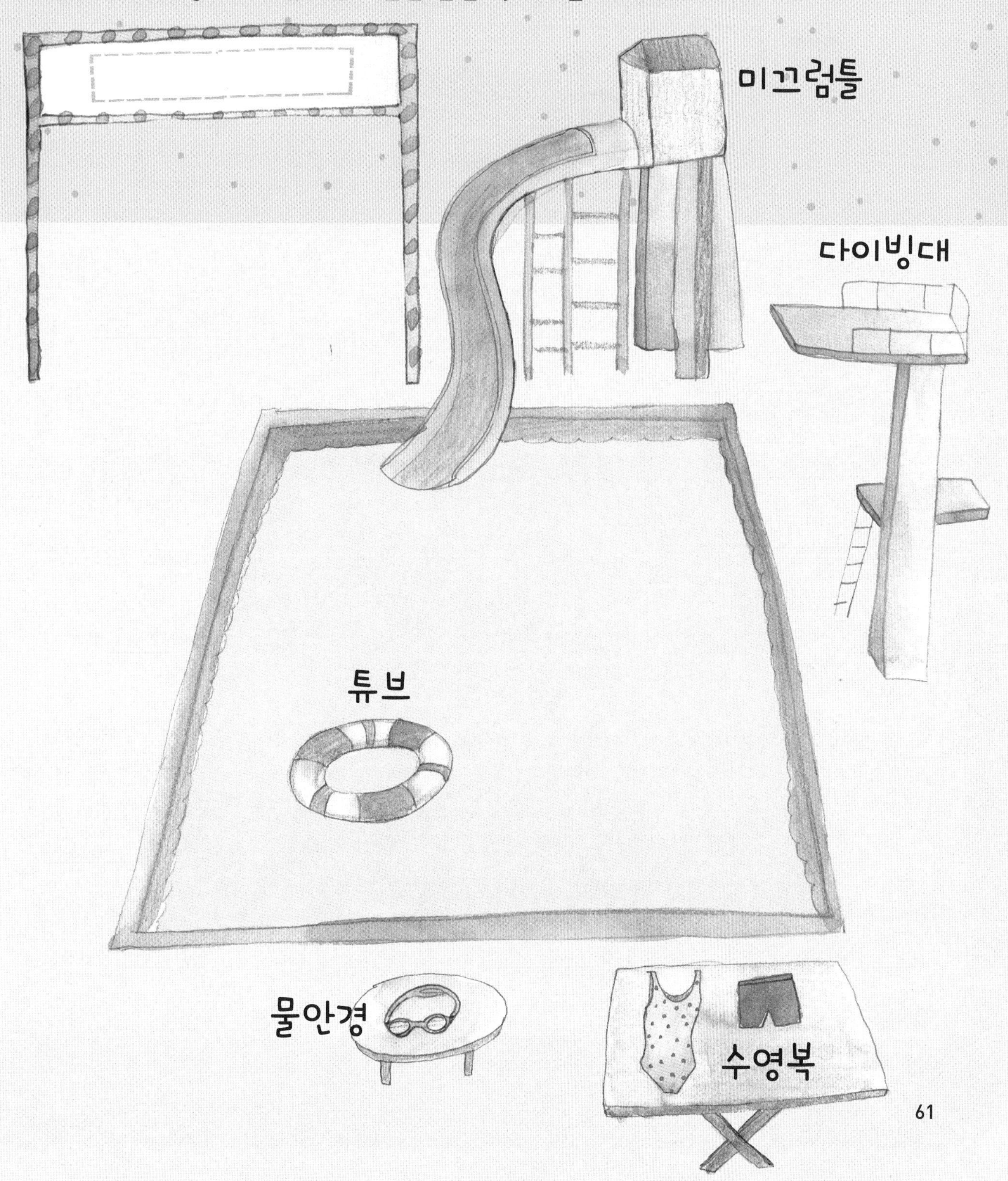

아이투브레인 Mission 5

step 1 〈보기〉를 잘 보고, 답을 고르세요.

❶ 추석　　　❷ 설날　　　❸ 정월 대보름

step 2 답을 찾아내기까지 생각의 과정을 꼼꼼하게 짚어 보아요.

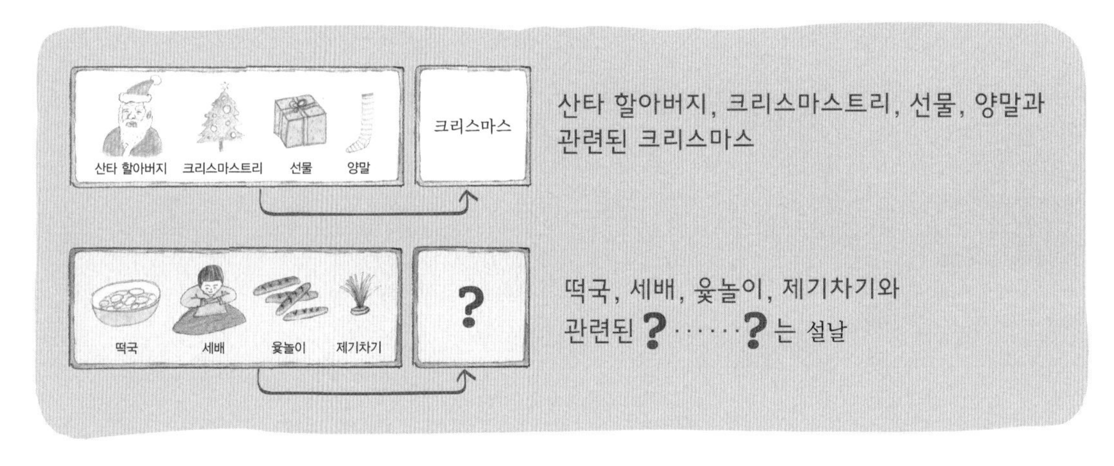

step 3 위에서 정리한 내용을 말로 표현해 보세요.

〈보기〉 왼쪽에 있는 것들과 관련된 낱말인 크리스마스가 오른쪽에 있어요.

〈문제〉의 빈칸에는 떡국, 세배, 윷놀이, 제기차기와 관련된 낱말이 와야 해요.

따라서 답은 (　　　　　)번이에요.

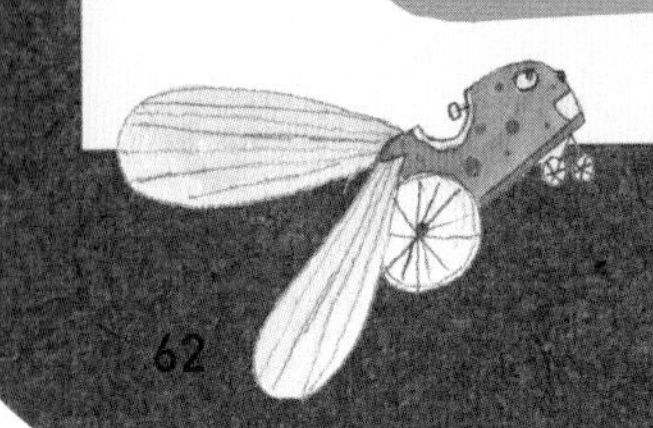

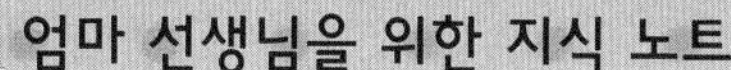

무엇과 관련 있는지 찾기

'우유, 젖소, 커피'를 관련 있는 것끼리 묶는다고 가정해 보세요. 아이들은 대부분 우유가 젖소에서 나온다는 사실을 알기 때문에 우유와 젖소를 하나로 묶을 것입니다. 하지만 개념이나 범주가 비슷한 것끼리 묶는다면 우유와 커피가 하나로 묶여야겠지요. 이처럼 대상에 대한 지식이 필요한 활동은 유아에게 어렵습니다.

주어진 대상이 무엇과 관련 있는지 찾을 때는 아이의 실제 경험을 떠올리면 좋습니다. 떡국, 세배, 윷놀이, 제기차기의 개념이나 범주는 모르더라도, 이를 언제 한꺼번에 경험하는지 생각해 보면 '설날'과 관련되어 있다는 것을 알 수 있지요.

머리빛나 선생님의 핵심 한 줄

주어진 대상이 무엇과 관련 있는지 찾아내려면 관련된 경험을 떠올려 볼 것

무엇이 와야 할지 찾아라!

“아, 배고파.”

“나도. 식당이 어디 있나 찾아보자.”

탐돌이와 똘망이는 지도에서 식당을 찾아 걸어갔어요.

“이곳은 아무나 들어갈 수 없다!”

탐돌이와 똘망이는 깜짝 놀랐어요.

식당으로 가는 길에 거인이 떡하니 서 있었거든요.

"이 문제를 풀어야만 식당에 들어갈 수 있다."

거인이 큰 소리로 말했어요.

탐돌이와 똘망이가 드디어 땅굴 식당에 들어갔어요.

식당에는 여러 가지 음식과 재료들이 함께 놓여 있었어요.

그림을 잘 보고 빈칸에 알맞은 것을 골라 ◯ 하세요.

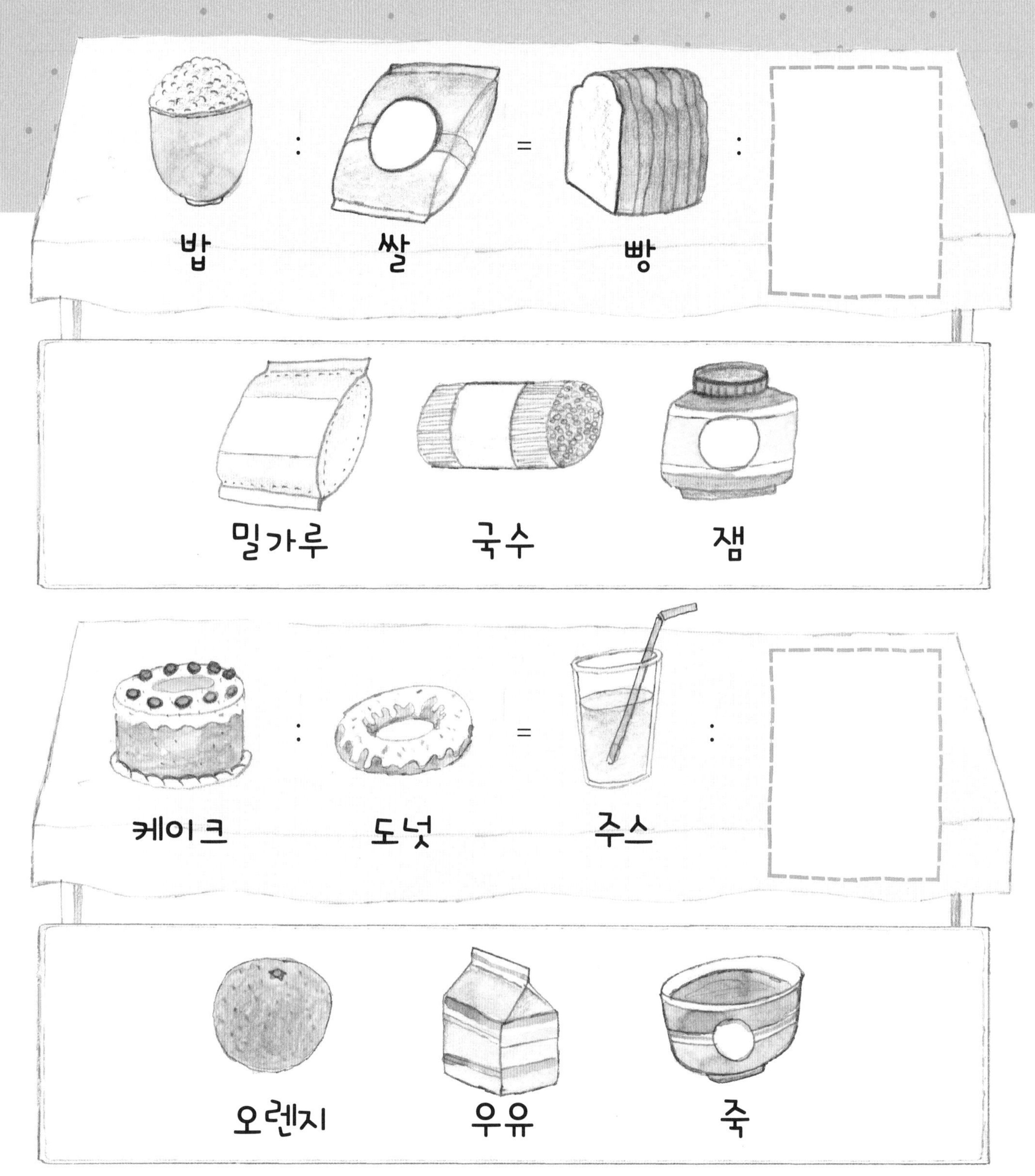

탐돌이는 대추를 먹고 씨만 남겼어요.

똘망이는 생선을 먹었어요.

똘망이가 남긴 것은 무엇일까요?

그림을 잘 보고 빈칸에 알맞은 것을 골라 ◯ 하세요.

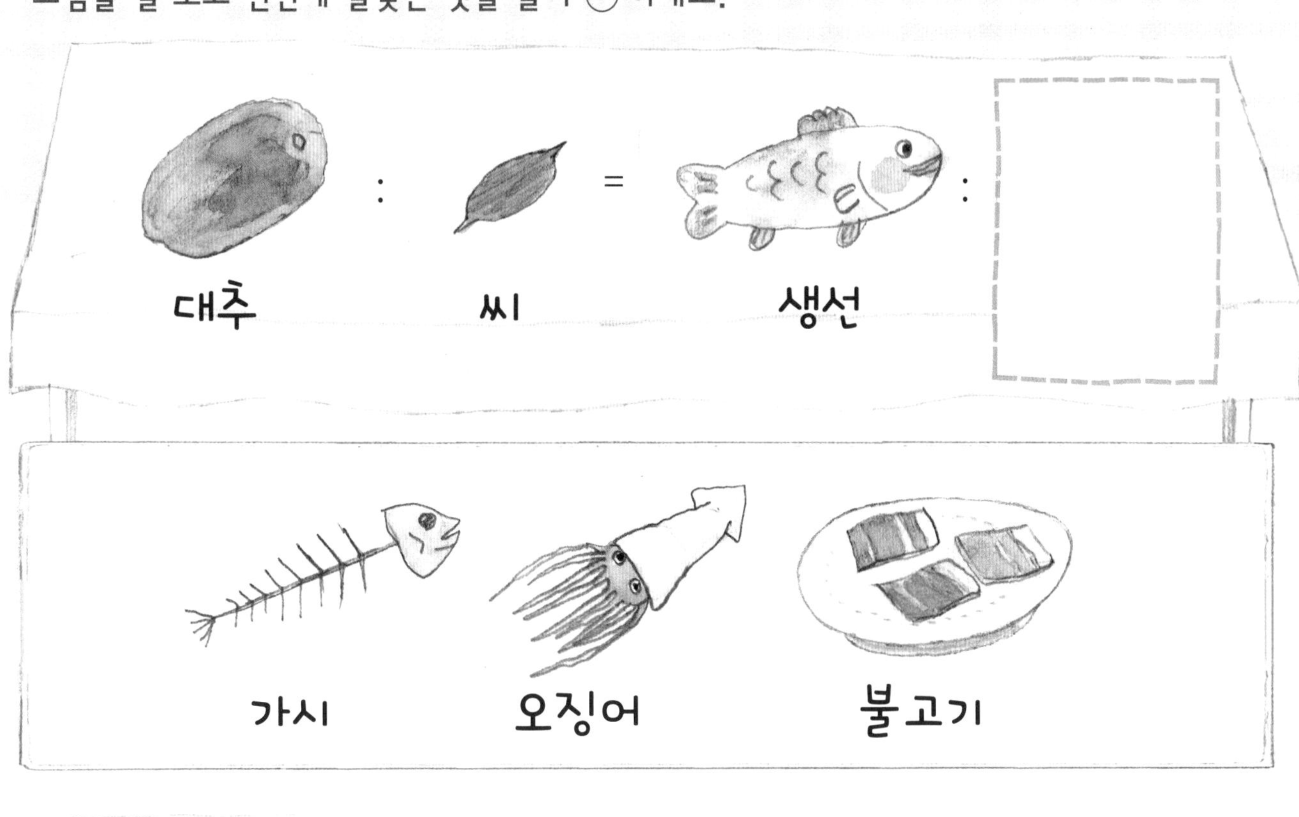

"아직 배가 덜 부른데. 다른 걸 좀 먹어 볼까?"

"탐돌이 너는 뭘 먹고 싶은데?"

"음, 나는 맛있는 채소!"

그림을 잘 보고 빈칸에 알맞은 것을 골라 ◯ 하세요.

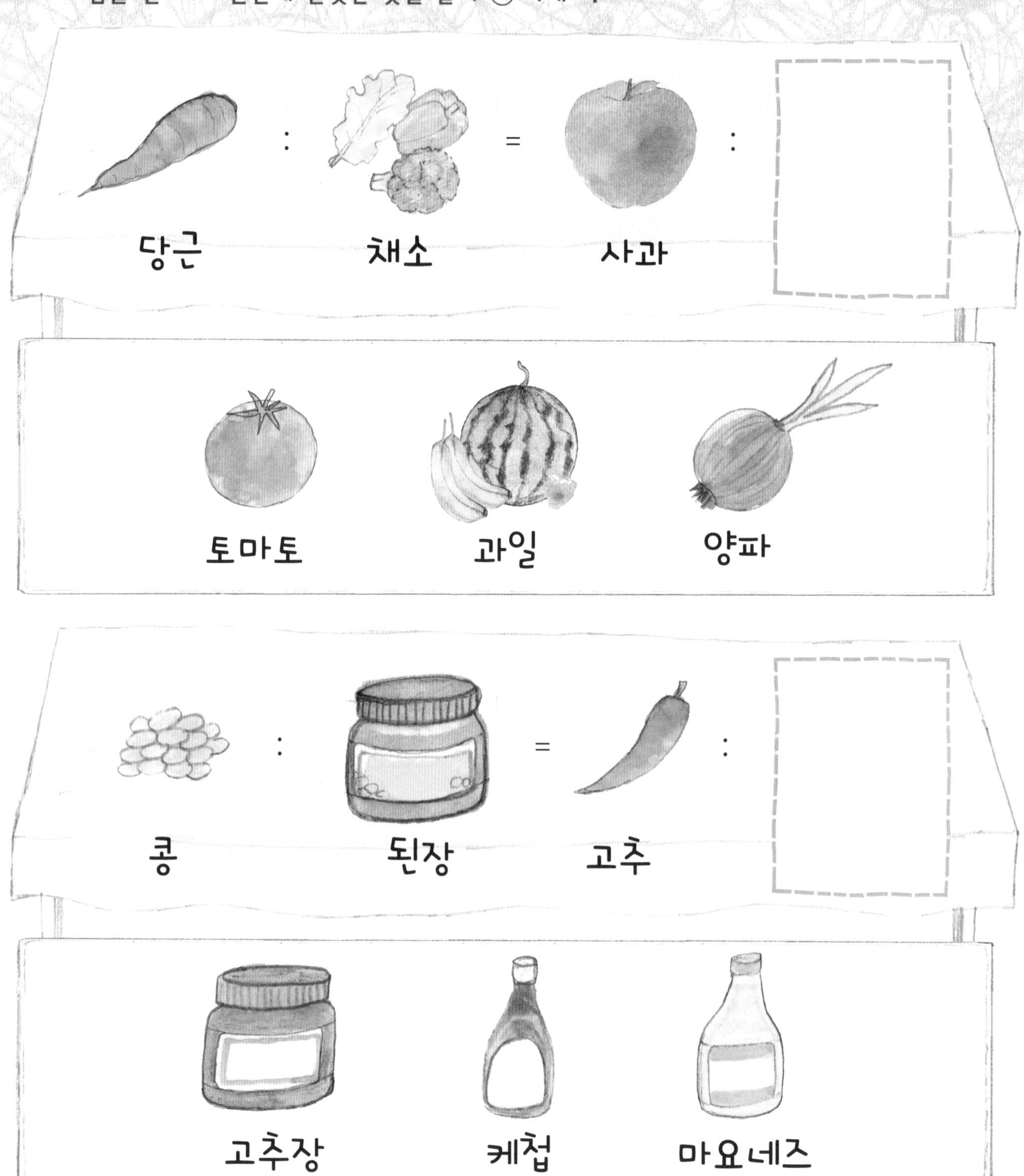

"음식 양이 많은 것과 적은 것, 두 종류가 있네."

"나는 무조건 많은 걸로!"

탐돌이가 외쳤어요.

그림을 잘 보고 빈칸에 알맞은 것을 골라 ◯ 하세요.

"아, 이제 배부르다!"

"탐돌아, 우리 마당에서 좀 놀아 볼까?"

마당에는 염소와 토끼, 생쥐가 있었어요.

동물들의 크기를 비교해 보고, 큰 것부터 순서대로 빈칸에 붙임 딱지를 붙이세요.

마당 한쪽에는 동그랗고 매끌매끌한 돌이 여러 개 있었어요.

"예쁜 돌이네. 으, 그런데 되게 무겁다."

탐돌이는 돌을 들었다가 얼른 내려놓았어요.

"이 돌은 좀 가벼울 것 같아."

돌들의 무게를 비교해 보고, 무거운 것부터 순서대로 빈칸에 붙임 딱지를 붙이세요.

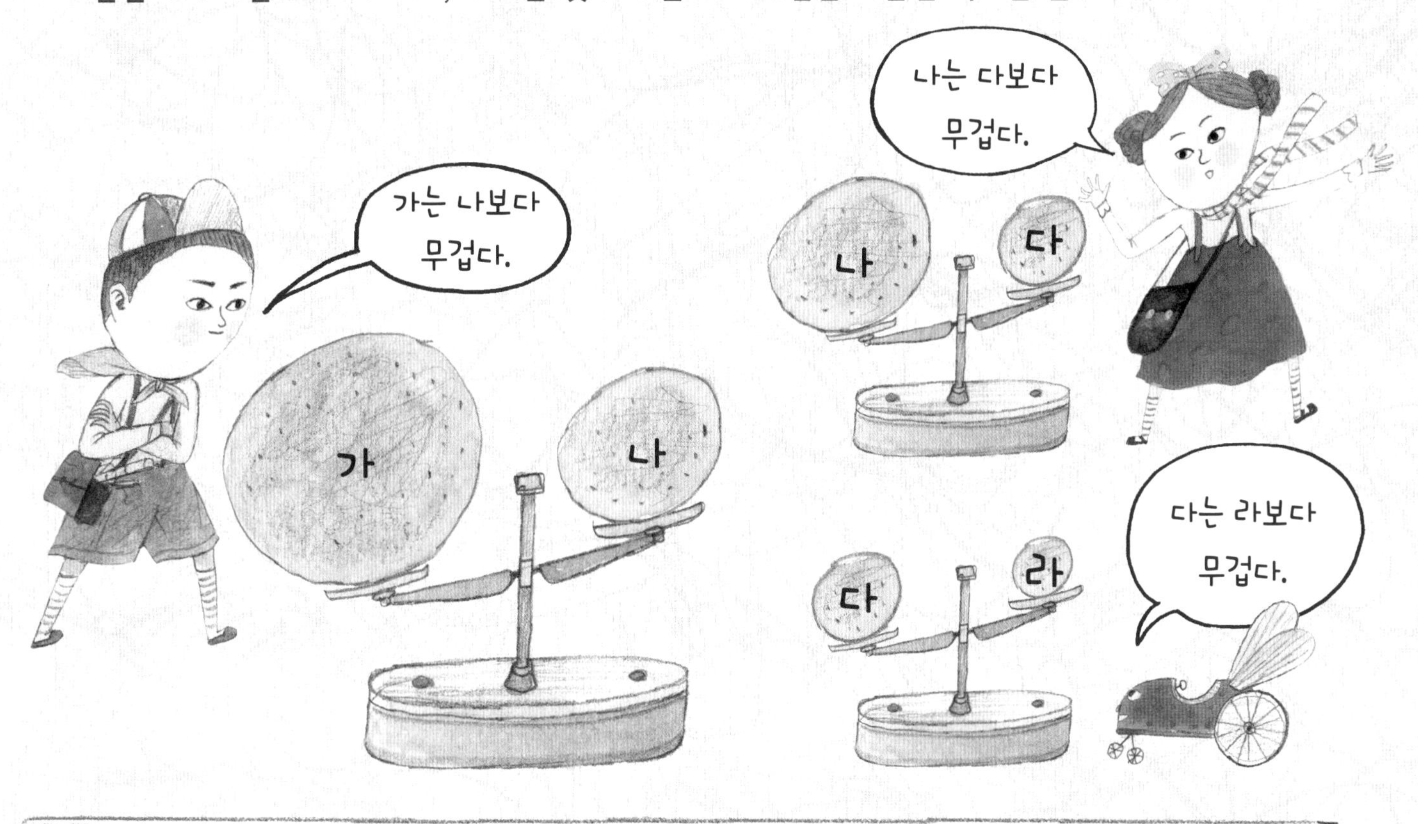

"탐돌아, 나 좀 도와줘!"

땅굴 식당 안에서 머리빛나 선생님의 목소리가 들렸어요.

"식탁 위에 물병과 컵을 놓아야 해.

단, 물병은 꽃병 오른쪽, 컵은 물병 앞에 있어야 해."

알맞은 위치에 물병과 컵 붙임 딱지를 붙이세요.

"자동차 경주를 하나 봐요!"

탐돌이가 창 밖을 가리키며 말했어요.

그림을 보고 빈칸에 알맞은 말을 써 보세요.

첫 번째로 빠른 차는 주황색 자동차입니다.

두 번째로 빠른 차는 ________ 자동차입니다.

세 번째로 빠른 차는 ________ 자동차입니다.

________로 ________ 차는 초록색 자동차입니다.

아이투브레인 Mission 6

step 1 〈보기〉를 잘 보고, 답을 고르세요.

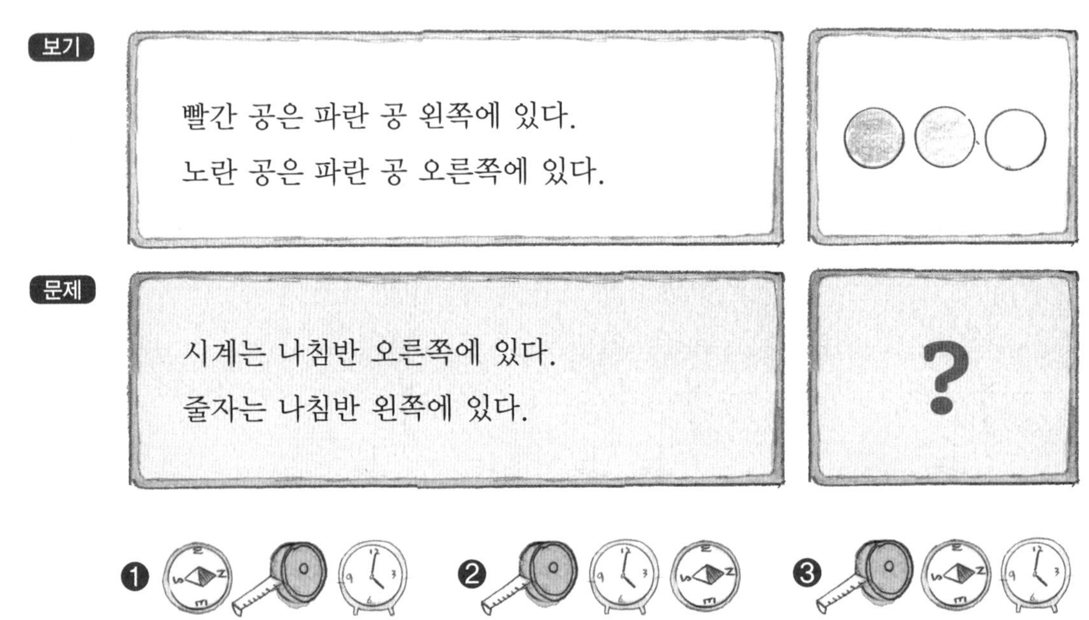

step 2 답을 찾아내기까지 생각의 과정을 꼼꼼하게 짚어 보아요.

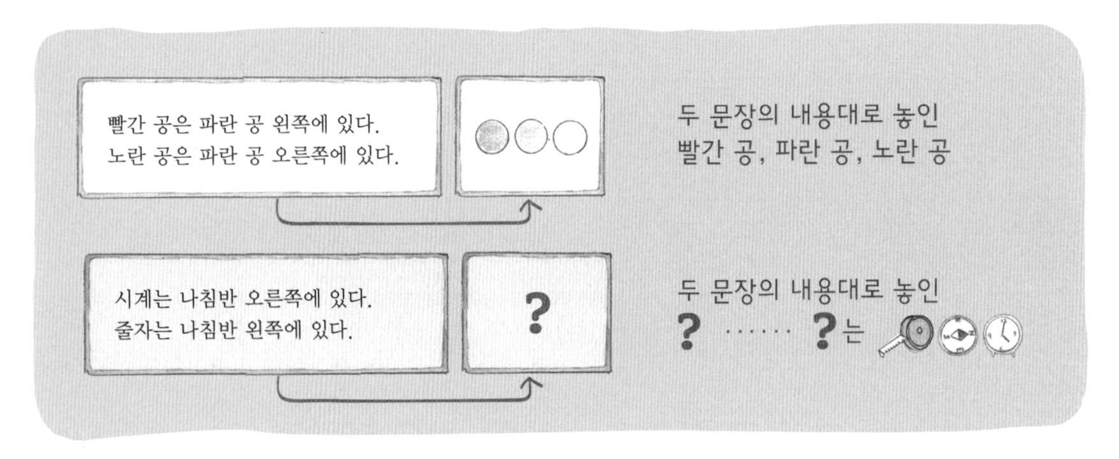

step 3 위에서 정리한 내용을 말로 표현해 보세요.

〈보기〉 왼쪽 두 문장의 내용대로 빨간 공, 파란 공, 노란 공을 놓은 것이 오른쪽이에요.

〈문제〉의 빈칸에는 왼쪽 두 문장의 내용대로 놓인 줄자, 나침반, 시계가 와야 해요.

따라서 답은 (　　　　　)번이에요.

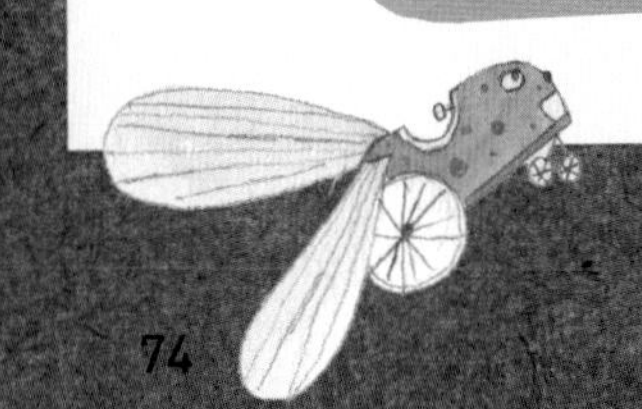

유추

사물이나 대상의 관계를 파악하고, 이를 비슷한 상황에 적용해서 대상들의 관계를 알아내거나 문제 해결에 적용하는 것을 유추라고 합니다. 다시 말해 주어진 것을 통해 모르는 것을 예측하는 과정이지요.

예를 들어, '소 : 송아지 = 개 : (　　)'라는 문제를 생각해 보세요. 괄호 안에 무엇이 와야 할까요? 우선 '소'는 성숙한 개체, '송아지'는 소의 어린 개체입니다. 이 관계를 '개 : (　　)'에 적용하면, 개라는 성숙한 개체 다음에는 어린 개체가 와야겠지요. 따라서 (　　)에는 '강아지'가 와야 합니다.

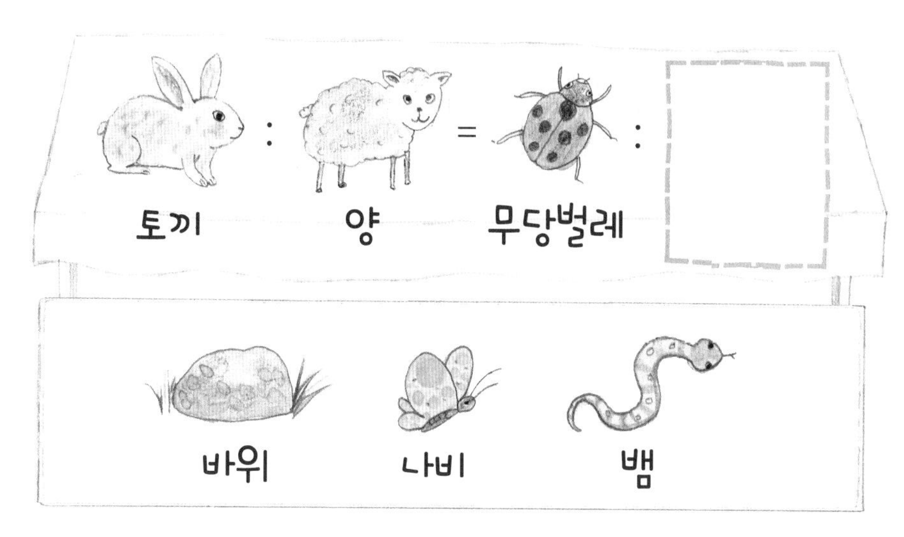

머리빛나 선생님의 핵심 한 줄

유추를 할 때는 주어진 대상의 관계를 잘 파악해 문제에 적용할 것

언어의 삼단 논법을 알아보라!

탐돌이와 똘망이는 땅굴 식당에서 나와
다시 탐정 예비학교로 향했어요.
쭉 가다 보니 두 갈래 길이 나왔어요.
탐돌이가 고개를 갸우뚱하는데 우렁찬 목소리가 들려왔어요.
“나는 모래 대왕이다.
여기를 지나가려면 내가 내는 문제를 맞혀야 한다.
문제는 이렇게 풀면 된다.”

[문제]
모든 강아지는 귀엽다.
호야는 강아지다.
그러므로 호야는 귀엽다.
[답]
맞다 (○) 틀리다 (   ) 알 수 없다 (   )

문제를 잘 읽고 알맞은 답에 ◯ 하세요.

아이들은 모든 과자를 좋아한다.

'고소해'는 과자다.

그러므로 아이들은 '고소해'를 좋아한다.

맞다 (　　)　틀리다 (　　)　알 수 없다 (　　)

가방 안에 든 것은 모두 진희의 것이다.

티셔츠는 가방 안에 있다.

그러므로 티셔츠는 진희의 것이다.

맞다 (　　)　틀리다 (　　)　알 수 없다 (　　)

서연이는 졸릴 때마다 귀를 만진다.
지금 서연이는 귀를 만지지 않는다.
그러므로 서연이는 졸리다.

맞다 (　　)　틀리다 (　　)　알 수 없다 (　　)

어떤 고양이는 검은색이다.
민지네 집에는 고양이가 있다.
그러므로 민지네 고양이는 검은색이다.

맞다 (　　)　틀리다 (　　)　알 수 없다 (　　)

문제를 잘 읽고 알맞은 답에 ◯ 하세요.

은미 친구는 모두 학교에 갔다.

명주는 은미 친구이다.

그러므로 명주는 학교에 갔다.

맞다 (　　)　틀리다 (　　)　알 수 없다 (　　)

철수는 가끔 풍경화를 그린다.

철수는 그림을 그린다.

그러므로 철수는 풍경화를 그린다.

맞다 (　　)　틀리다 (　　)　알 수 없다 (　　)

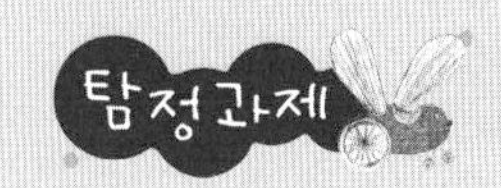

민지는 밥을 먹은 뒤 항상 이를 닦는다.
민지는 밥을 먹었다.
그러므로 민지는 이를 닦을 것이다.

맞다 (　　)　틀리다 (　　)　알 수 없다 (　　)

은영이는 화가 나면 가끔 노래를 부른다.
은영이는 화가 났다.
그러므로 은영이는 노래를 부를 것이다.

맞다 (　　)　틀리다 (　　)　알 수 없다 (　　)

문제를 잘 읽고 알맞은 답에 ◯ 하세요.

검은색 자동차는 모두 경찰차이다.
그 자동차는 경찰차가 아니다.
그러므로 자동차는 검은색이다.

맞다 (　　) 틀리다 (　　) 알 수 없다 (　　)

날씨가 추우면 어머니는 언제나 코트를 입는다.
어머니는 코트를 입지 않았다.
그러므로 날씨는 춥다.

맞다 (　　) 틀리다 (　　) 알 수 없다 (　　)

개는 낯선 사람을 보면 짖는다.
지연이네 개는 짖지 않는다.
그러므로 지연이네 집에는 낯선 사람이 오지 않았다.

맞다 (　　)　틀리다 (　　)　알 수 없다 (　　)

철수는 고양이만 그린다.
이것은 고양이 그림이다.
그러므로 이것은 철수가 그린 그림이다.

맞다 (　　)　틀리다 (　　)　알 수 없다 (　　)

아이트브레인 Mission 7

step 1 〈보기〉를 잘 보고, 답을 고르세요.

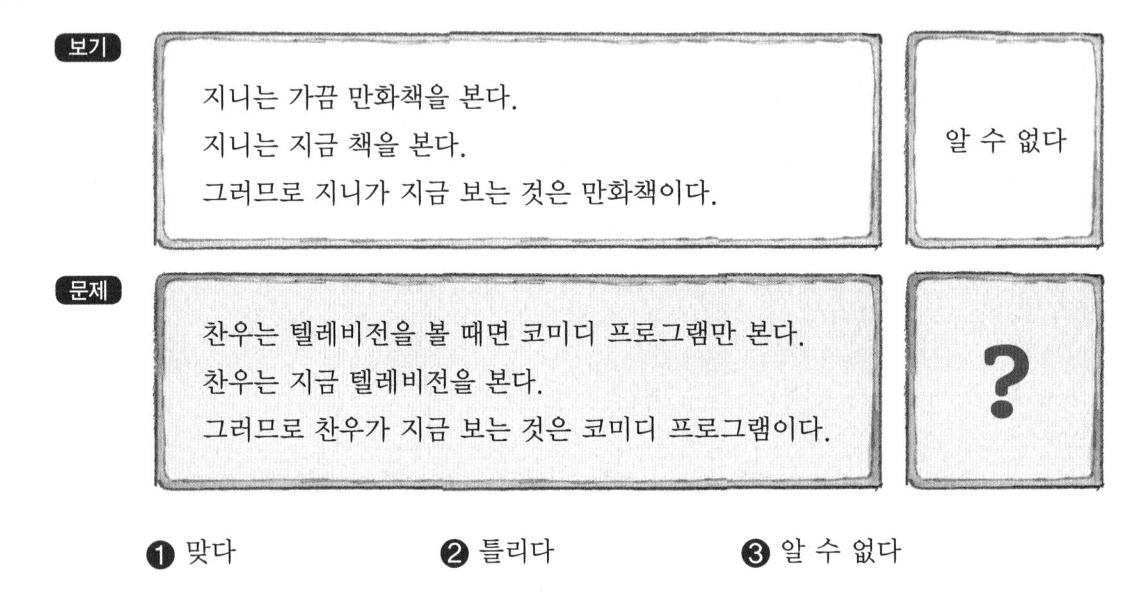

보기

지니는 가끔 만화책을 본다.
지니는 지금 책을 본다.
그러므로 지니가 지금 보는 것은 만화책이다.

알 수 없다

문제

찬우는 텔레비전을 볼 때면 코미디 프로그램만 본다.
찬우는 지금 텔레비전을 본다.
그러므로 찬우가 지금 보는 것은 코미디 프로그램이다.

?

❶ 맞다 ❷ 틀리다 ❸ 알 수 없다

step 2 답을 찾아내기까지 생각의 과정을 꼼꼼하게 짚어 보아요.

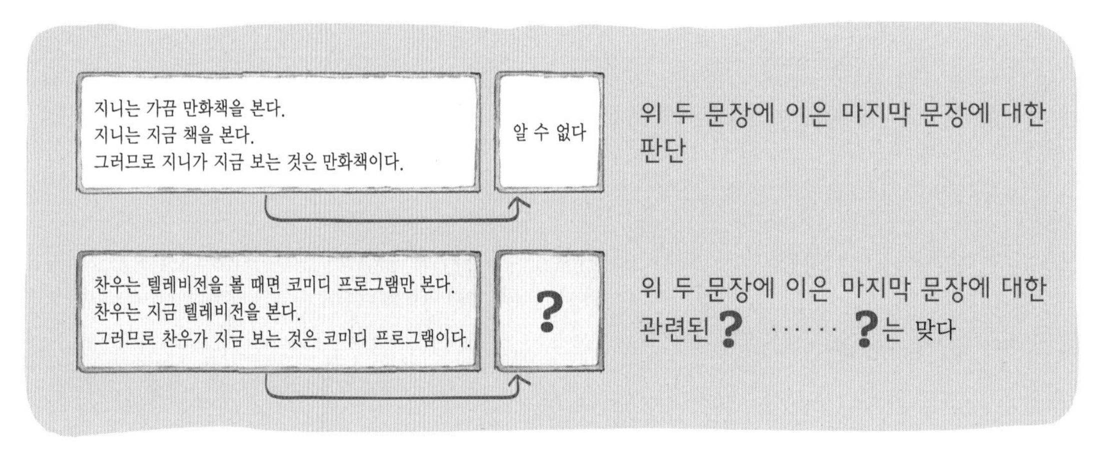

지니는 가끔 만화책을 본다.
지니는 지금 책을 본다.
그러므로 지니가 지금 보는 것은 만화책이다.

알 수 없다

위 두 문장에 이은 마지막 문장에 대한 판단

찬우는 텔레비전을 볼 때면 코미디 프로그램만 본다.
찬우는 지금 텔레비전을 본다.
그러므로 찬우가 지금 보는 것은 코미디 프로그램이다.

?

위 두 문장에 이은 마지막 문장에 대한 관련된 ? …… ?는 맞다

step 3 위에서 정리한 내용을 말로 표현해 보세요.

〈보기〉 왼쪽 마지막 문장이 맞는지, 틀린지, 알 수 없는지 판단한 것이 오른쪽이에요.
〈문제〉의 위 두 문장에 따르면 지금 찬우가 보는 것은 코미디 프로그램이에요.
따라서 답은 (   )번이에요.

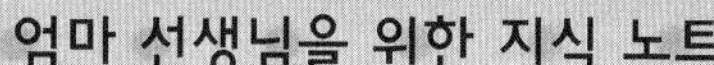

삼단 논법

삼단 논법은 두 개의 전제와 하나의 결론으로 이루어진 추리 방법입니다. 예를 들어 '모든 강아지는 귀엽다.'라는 대전제가 있으면 그다음에 '호야는 강아지다.'라는 소전제가 오고, 마지막으로 '그러므로 호야는 귀엽다.'라는 결론이 따라오지요.

삼단 논법에 따른 결론이 타당한지 판단하려면 전제와 결론에 담긴 맥락을 잘 살펴봐야 합니다. 특히 '모든', '항상', '가끔' 같은 낱말에 주의해야 하지요. 위의 삼단 논법에는 '모든'이라는 낱말이 들어 있습니다. 대전제에서 '모든' 강아지라고 하지 않았다면, 귀엽지 않은 강아지도 있다는 의미가 됩니다. 따라서 호야가 강아지라고 해서 반드시 귀여운 것은 아니며, 결론은 '알 수 없다'라고 해야 합니다. 하지만 '모든'이라는 조건이 있기 때문에 '그러므로 호야는 귀엽다.'라는 결론이 타당한 것이지요.

머리빛나 선생님의 핵심 한 줄

삼단 논법의 타당성을 판단하려면 전제와 결론의 맥락을 잘 살펴볼 것

나오지 않은 것을 추리하라!

“탐정 예비학교로 가기 위해서는 순간 이동 엘리베이터를 타야 한다.”

모래 대왕이 도장 여러 개를 들고 와서 말했어요.

“지금 내는 문제를 모두 맞혀야

순간 이동 엘리베이터를 탈 수 있다.

먼저 도장들을 찍어서 나온 모양을 보고

어느 색 도장에서 나왔는지 알아맞혀라.”

문제를 잘 읽고 밑줄 친 곳에 답을 써 보세요.

노랑 도장과 파랑 도장을 찍으니 ■와 ♥가 나왔다.

노랑 도장과 빨강 도장을 찍으니 ■와 ▲가 나왔다.

그렇다면 ■는 어느 색 도장에서 나왔을까?

처음에 노랑 도장과 파랑 도장을 찍을 때도,
두 번째로 노랑 도장과 빨강 도장을 찍을 때도
■가 나왔어. 그러니까 첫 번째, 두 번째 모두 찍은
노랑 도장에서 ■가 나왔겠지?

"이 엘리베이터는 순간적으로 어디나 갈 수 있어."

모래 대왕이 말을 마치자마자 엘리베이터 문이 벌컥 열렸어요.

문제를 잘 읽고 밑줄 친 곳에 답을 써 보세요.

철수가 학교에 간다. 날씨가 흐리다. 바둑이가 마당을 뛰어다닌다.

철수가 학교에 가지 않는다. 날씨가 흐리다. 바둑이가 마당을 뛰어다니지 않는다.

철수가 학교에 간다. 날씨가 맑다. 바둑이가 마당을 뛰어다닌다.

그렇다면 바둑이는 어떤 때에 마당을 뛰어다닐까?

화단에 거름을 준다. 비가 온다. 장미가 핀다.

화단에 거름을 주지 않는다. 비가 온다. 장미가 피지 않는다.

화단에 거름을 준다. 비가 오지 않는다. 장미가 핀다.

그렇다면 장미는 어떤 때에 필까?

탐돌이와 똘망이가 문제를 다 맞히자

순간 이동 엘리베이터는 탐돌이네 동네로 왔어요.

문제를 잘 읽고 밑줄 친 곳에 답을 써 보세요.

철수 아빠는 요리한다. 엄마는 잠잔다. 철수는 공놀이한다.

철수 아빠는 요리한다. 엄마는 잠자지 않는다. 철수는 공놀이하지 않는다.

철수 아빠는 요리하지 않는다. 엄마는 잠잔다. 철수는 공놀이한다.

그렇다면 철수는 어떤 때에 공놀이를 할까?

문제를 잘 읽고 밑줄 친 곳에 답을 써 보세요.

오늘은 휴일이다. 혜경이는 청소를 한다. 민수는 달리기를 한다.

오늘은 휴일이다. 혜경이는 청소를 하지 않는다. 민수는 달리기를 한다.

오늘은 휴일이 아니다. 혜경이는 청소를 한다. 민수는 달리기를 하지 않는다.

그렇다면 휴일에 늘 일어나는 일은 무엇일까?

파도가 높다. 배가 지나간다. 고래가 나타난다.

파도가 낮다. 배가 지나간다. 고래가 나타난다.

파도가 낮다. 배가 지나가지 않는다. 고래가 나타나지 않는다.

그렇다면 고래는 언제 나타날까?

아이투브레인 Mission 8

step 1 〈보기〉를 잘 보고, 답을 고르세요.

보기

노랑 도장과 검정 도장을 찍으니 ▲와 ★이 나왔다.
노랑 도장과 하양 도장을 직으니 ▲와 ●가 나왔다.

★ – 검정 도장
▲ – 노랑 도장
● – 하양 도장

문제

빨강 도장과 파랑 도장을 찍으니 ★과 ♥가 나왔다.
빨강 도장과 노랑 도장을 찍으니 ★과 ◆가 나왔다.

?

❶ ★ – 노랑 도장
♥ – 빨강 도장
◆ – 파랑 도장

❷ ★ – 빨강 도장
♥ – 노랑 도장
◆ – 파랑 도장

❸ ★ – 빨강 도장
♥ – 파랑 도장
◆ – 노랑 도장

step 2 답을 찾아내기까지 생각의 과정을 꼼꼼하게 짚어 보아요.

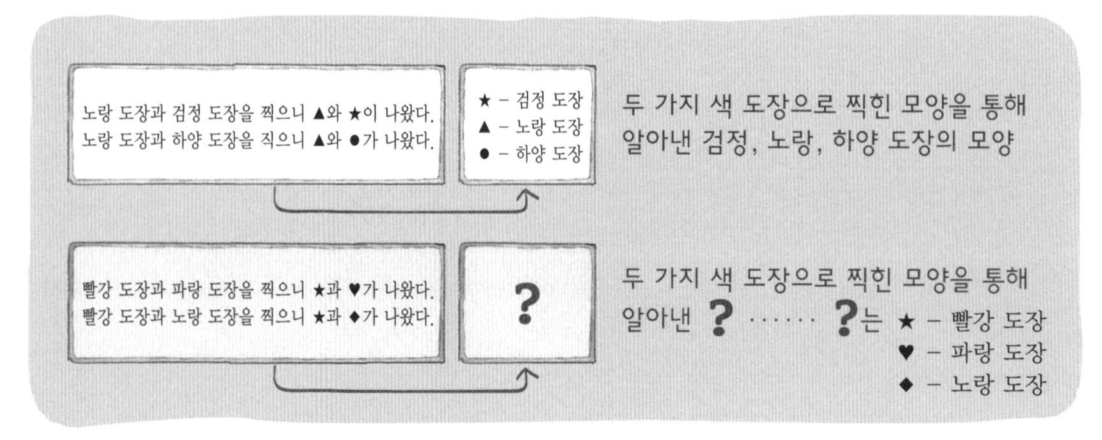

step 3 위에서 정리한 내용을 말로 표현해 보세요.

〈보기〉에서 찍을 때마다 나온 ▲가 노랑 도장, ★은 검정 도장, ●은 하양 도장이에요.
〈문제〉에서 찍을 때마다 나온 ★이 빨강 도장, ♥는 파랑 도장, ◆는 노랑 도장이에요.
따라서 답은 (　　　　　)번이에요.

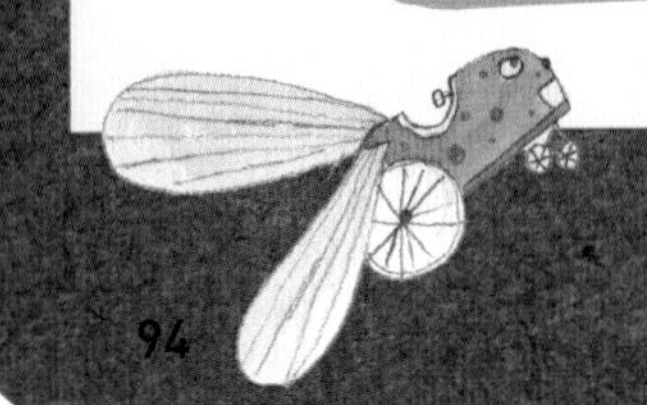

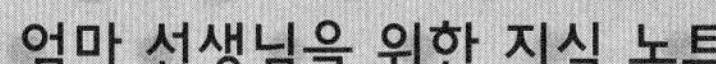

인과 관계 추리하기

인과 관계를 추리한다는 말은 원인과 결과 사이의 논리적 관계를 찾는다는 뜻입니다. 어떤 문제의 원인이 무엇인지 알면, 문제를 해결하는 것도 훨씬 쉽겠지요. 하지만 유아는 아직 논리적인 사고가 발달하지 않아서 먼저 일어나는 것이 원인이고 나중에 일어나는 것이 결과라고 여기거나, 실제로 무관한데도 시간상 가까이 벌어진 두 사건을 원인과 결과로 착각하기도 합니다.

시간 순서보다 더 확실한 인과 관계의 조건으로 공동 변화를 들 수 있습니다. 공동 변화는 원인이 되는 현상이 바뀌면 결과가 되는 현상도 바뀌는 것입니다. 예를 들어, 날씨가 맑아도 바둑이가 마당을 뛰어다니고, 날씨가 흐려도 마당을 뛰어다닌다면, 날씨와 바둑이는 공동 변화하지 않는 것입니다. 따라서 이 둘 사이에는 인과 관계가 없다고 봐야겠지요.

머리빛나 선생님의 핵심 한 줄

현상들 사이에 인과 관계가 있는지 알려면 서로 영향을 주고받는지 확인할 것

정답

Mission 1

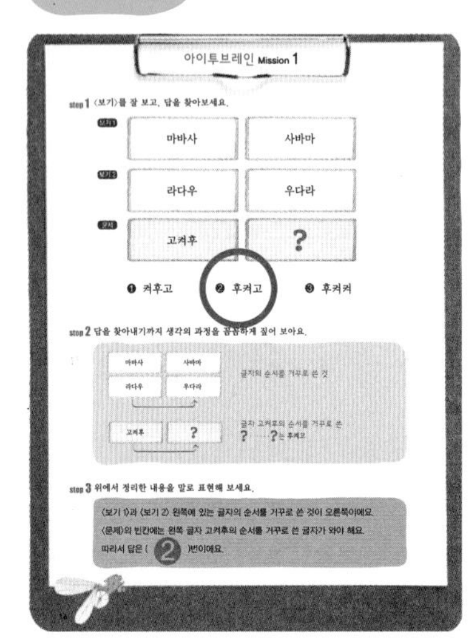

Mission 2

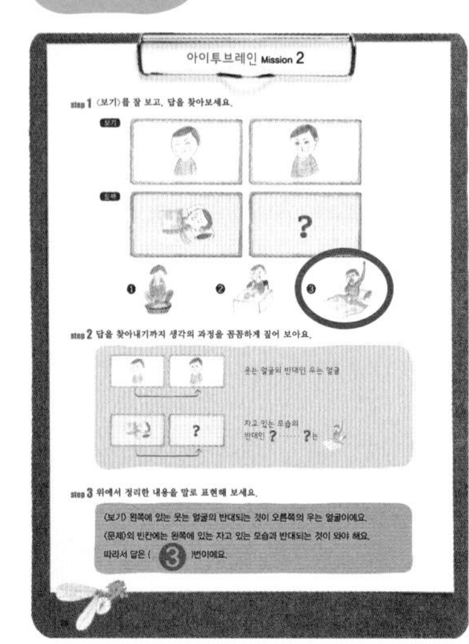

Mission 3

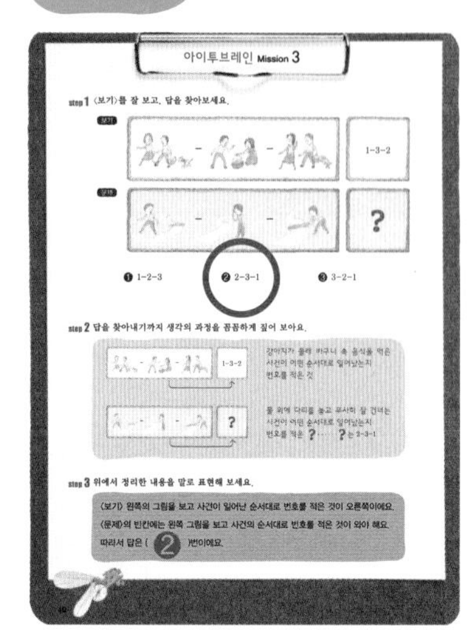

Mission 4

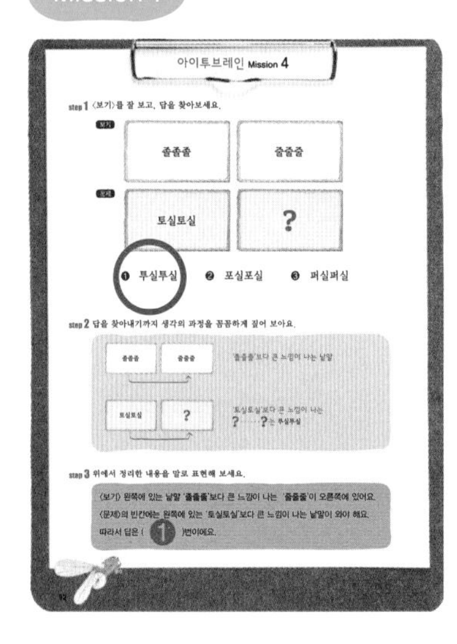

Mission 5

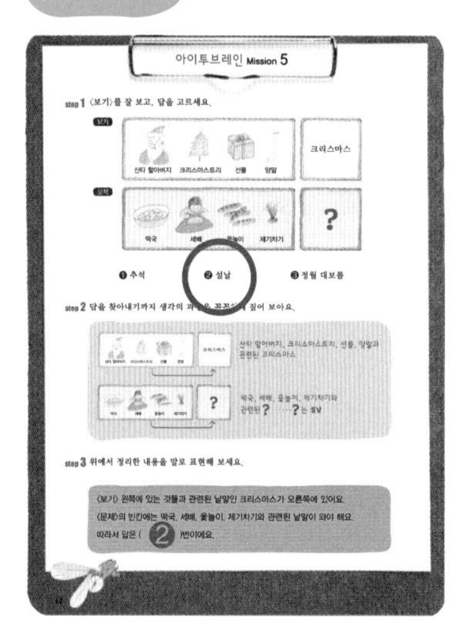

Mission 6

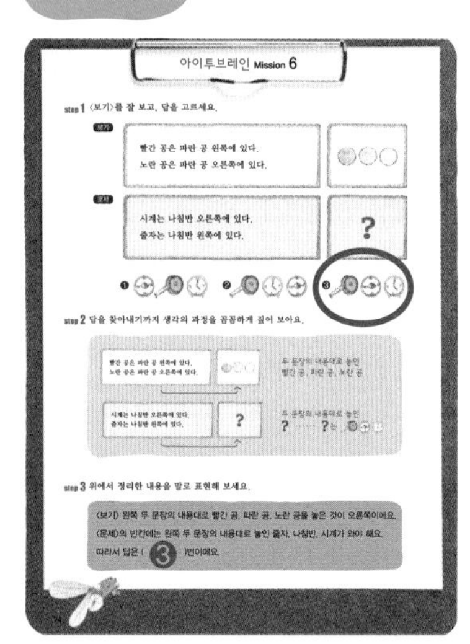

Mission 7

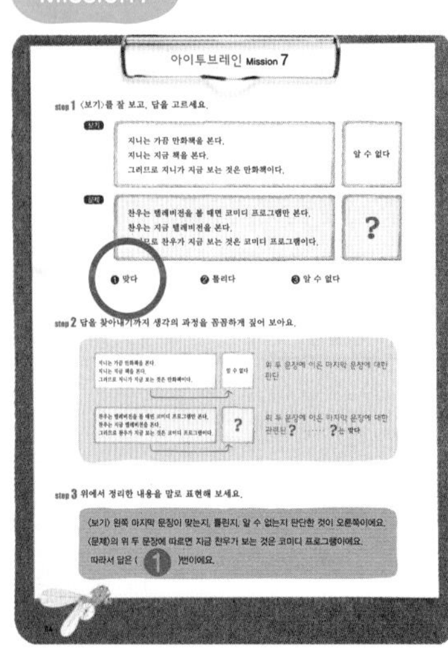

Mission 8

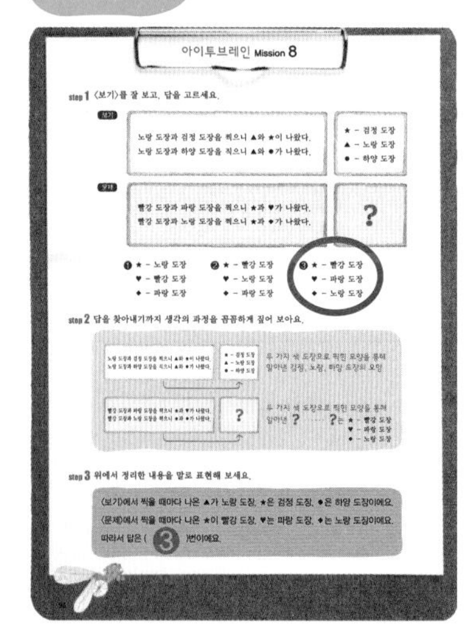